Tous nos ouvrages sont disponibles aux

Éditions Decoopman
Ferrières
30440 Saint-Laurent-le-Minier
Tel : +33 (0)4.67.73.90.95
web : www.decoopman.com
e.mail : livres@decoopman.com

Olivier Lacaux
Jean Castanier

I.S.B.N. 978-2-36965-176-5
Dépôt légal : 4e trimestre 2023

Ouvrages parus
aux Éditions **Decoopman**
Collection « ***Sciences & Techniques*** »

Auto / Moto

- *Embrayages & Feins* - R. Champly
- *Le carburateur* - R. Bardin
- *ABC des moteurs électriques* - R. Bardin
- *ABC du moteur Diesel* - A. Colmant
- *ABC du moteur de voiture* - L. Chrétien & R. Daman
- *ABC de l'allumage électrique des automobiles* - M. Apolit
- *ABC de l'allumage Delco* - A.M. Touvy
- *ABC de la moto* - Roland Tessier
- *ABC du carburateur* - M. Apolit
- *Motocyclettes et side-cars* - M. Zerolo

Chemins de fer

- *La locomotive* - U. Lamalle & F. Legein
- *La machine locomotive* – E. Sauvage
- *Les chemins de fer* – A. Guillemin
- *Locomotive & Chemin de Fer* – L. Figuier

Électricité

- *Des électromoteurs* - T. du Moncel
- *La machine de Gramme* - A. Breguet
- *La bobine Ruhmkorff* - A. Loiseau

Horlogerie

- *Encliquetages*
- *Échappements à ancre* - École de Cluses
- *Guide-manuel de l'Horloger* - C. Saunier
- *Histoire de l'Horlogerie* - P. Dubois
- *L'Horloger* - C. Poncet
- *L'art de connaître les montres* - J. Gondy
- *L'art de l'Horlogerie enseigné en trente leçons* - Anonyme
- *Les merveilles de l'Horlogerie* - Graffigny
- *L'horlogerie électrique* - G. Tobler
- *Traité d'horlogerie moderne* - C. Saunier

Hydraulique

- *Traité d'hydraulique* - N. Boquillon
- *Machines destinées à l'élévation des eaux* - A. Morin

Marine

- *La Marine française* - F. Roux
- *Des bateaux aux couleurs de la Gironde* - F. Jouison
- *Abécédaire des forces sous-marines* - P. Nôtre & J. L. Vichot
- *La Marine de guerre* – L. Huard
- *La Marine de guerre – A. Sauvaire-Jourdan*
- *La navigation sous-marine* – G.L. Pesce
- *Les bateaux automobiles à pétrole* - R. Champly
- *Les paquebots à grande vitesse – M. Dumoulin*
- *Les Torpilles* – E. Hennebert
- *Sous-marins & submersibles - Max Laubeuf*
- *L'Artillerie moderne (Le monde industriel)* – L. Huard

Mécanique

- *507 Mouvements mécaniques* – H. Brown
- *760 mouvements mécaniques* - G. Vander Haeghen
- *Appareils d'obturation* - J. Gary et A. Druot
- *Des mécanismes élémentaires* - L.E. Loche
- *Engrenages & Transmissions* – G. Franche
- *Engrenages et vis sans fin* - R. Champly
- *Les Machines* – E. Collignon

Ouvrages parus
aux Éditions **Decoopman**
Collection « ***Sciences & Techniques*** »

Mécanique (suite)

- *Les mouvements mécaniques* - M. Nicaise
- *Mécanismes des machines* - H. Leblanc
- *Notions de technologie mécanique* - P. Beauvais
- *Organes de transmission* - R. Champly
- *Organes de machines* - J. Gary et A. Druot
- *Organes auxiliaires des machines* - R. Champly
- *Traité de mécanique industrielle* - S. Flachat
- *Traité pratique des engrenages* - L. Wève
- *Transmission du mouvement* - J. Gary et A. Druot

Métiers

- *Comment on devient forgeron* - R. Champly
- *Forges et fonderies* - G. Franche
- *La serrurerie* - H. Havard
- *Manuel du luthier* - Maugin & Maigne
- *Histoire de l'imprimerie* - P. Lacroix
- *L'art du luthier* - A. Tolbecque
- *Accordeur de pianos* - G. Huberson

Moteurs

- *Réparation et mise au point des moteurs Diesel* - N. L. Erpelding
- *Moteurs d'aviation - France 1920* - R. Bardin
- *Moteurs d'aviation* - C. Martinot-Lagarde
- *Le moteur sans soupape Knight* - A. Contet
- *Les Moteurs* – H. de Graffigny
- *Les moteurs à vent* - R. Champly
- *Moteurs* - Max de Nansouty
- *Moteurs & Gazogènes* – L. Letombe

Moteurs Stirling

- *D'Asap à Rhombic 160* - D. Lyonnet
- *Fabriquer des moteurs Stirling* - A. Ross
- *Petits moteurs Stirling pour l'amateur* – D. Lyonnet

Vapeur

- *Catéchisme des Chauffeurs* - Collectif
- *Distribution de la vapeur* - M. Castelnau
- *Distribution de la vapeur dans les machines* - A. Spineux
- *Gouvernails à vapeur FARCOT* – J. Farcot
- *Histoire de la machine à vapeur* – R.H. Thurston
- *L'A.B.C. du Chauffeur* – H. Mathieu
- *Les bateaux à vapeur* – L. Figuier
- *Les Locomobiles* – L. Figuier
- *Les machines à vapeur* - J.P. Delaby
- *La machine à vapeur* – E. Sauvage
- *La Vapeur – A. Guillemin*
- *Tiroirs et distributeurs de vapeur* – A. Madamet

Embrayages
et
Freins

René Champly

1928

Première partie

LES EMBRAYAGES

- I -

Embrayages à griffes

Les embrayages rigides permettent toujours de libérer instantanément deux arbres accouplés, quelle que soit la vitesse de rotation de ces arbres ; mais ils ne permettent l'embrayage qu'à l'arrêt de l'arbre moteur et, quelquefois, lorsque la vitesse de celui-ci est très faible et seulement si la résistance de démarrage de l'arbre commandé est peu importante. Autrement, l'embrayage ne peut se faire que lorsque les deux arbres sont immobiles.

Les embrayages à griffes ou dents sont dans ce cas ; la figure 1 représente l'embrayage à dents rectangulaires qui transmet le mouvement dans les deux sens, mais ne permet d'embrayer que lors de l'arrêt complet des deux arbres ; la figure 2 montre une forme de dents droites d'un côté et inclinées de l'autre côté, qui permet d'embrayer à très faible vitesse et ne peut transmettre le mouvement que dans un seul sens.

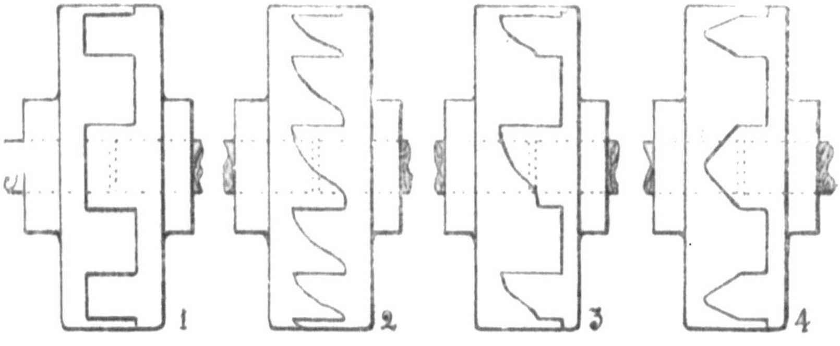

Fig. 1-4. - Embrayages à griffes.

Les figures 3 et 4 montrent des formes de dents en pointe avec parties des flancs parallèles à l'axe des arbres, qui permettent la transmission du mouvement dans les deux sens et l'embrayage à faible vitesse.

Tous ces manchons à griffes produisent un choc plus ou moins violent au moment de l'embrayage en marche.

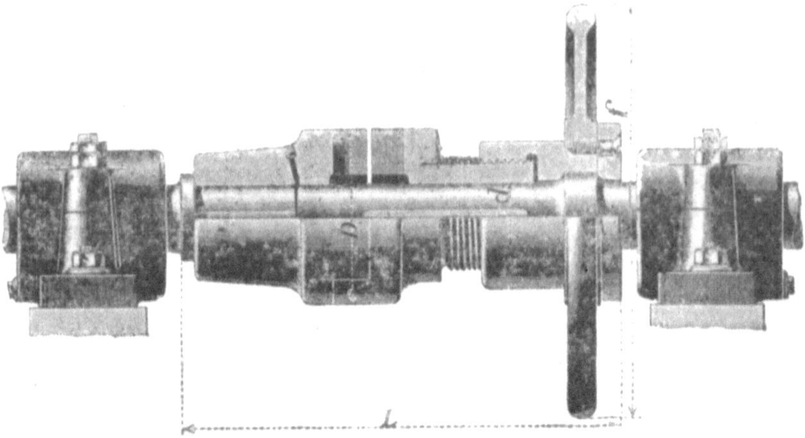

Fig. 5. — Mécanisme de manœuvre d'un embrayage à grilles.

La figure 5 est un dispositif dû à M. Piat pour la manœuvre à l'arrêt de l'embrayage à dents, au moyen d'un écrou et d'un volant *f* ; ceci est pour empêcher que l'accouplement ne se défasse pendant la marche et annuler la poussée longitudinale des arbres.

La figure 6 montre l'emploi d'une fourchette pour la manœuvre d'un embrayage à griffes hélicoïdales et la figure 7 est la coupe en long d'un embrayage à deux dents rectangulaires, dont les dimensions sont indiquées dans le tableau ci-après, d'après M. Piat.

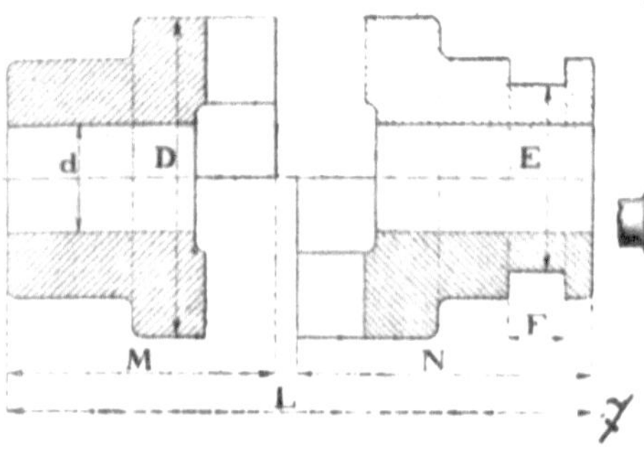

Fig. 6 — Coupe d'un embrayage à deux dents.

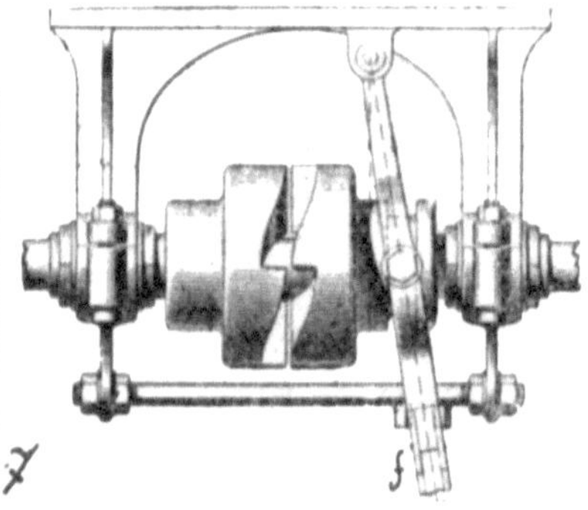

Fig. 7 — Fourchette de débrayage.

La partie mobile de l'embrayage coulisse sur l'arbre commandé qu'elle entraîne, soit par une ou deux clavettes prisonnières, figure 5, soit par un montage sur bout d'arbre carré ou hexagonal.

D'après Reuleaux, le module adopté pour les dimensions des deux pièces du manchon à griffes doit être $\delta = 5 + \frac{1}{3} d$ et le nombre de dents calculé par la formule :

$$n = 1 + \frac{1}{40} d$$

nous croyons qu'il est préférable d'adopter D = 3 à 4 *d* et de faire un nombre de dents tel que chacune ait au moins, à sa base sur l'arbre, une largeur égale à l'alésage du manchon ; la longueur ou pénétration des dents l'une dans l'autre doit être d'au moins 2*d* / 3 (*d* étant le diamètre de l'arbre ou alésage du manchon).

TABLEAU DES CÔTES DES EMBRAYAGES À DEUX DENTS PIAT (FIG. 7)

Alésages d	D	L	M	N	E	F	Poids
30	100	160	75	81	54	20	4,300
35	100	160	75	81	54	20	4,300
40	135	215	100	110	70	25	10,500
45	135	215	100	110	70	25	10,500
50	160	265	125	135	88	30	17,800
55	160	265	125	135	88	30	17,800
60	190	315	150	160	105	32	32,000
65	190	315	150	160	105	32	32,000
70	225	370	175	190	120	35	47,000
75	225	370	175	190	120	35	47,000
80	255	420	200	215	140	40	73,000
85	255	420	200	215	140	40	73,000
90	285	475	225	245	160	42	106,000
95	285	475	225	245	160	42	106,000
100	320	525	250	270	180	45	150,000
110	320	525	250	270	180	45	150,000
120	360	605	290	310	200	50	206,000

La figure 8 indique un autre dispositif de manchon à dents (Piat) dans lequel un croisillon à quatre dents est introduit dans un plateau divisé intérieurement en quatre logements.

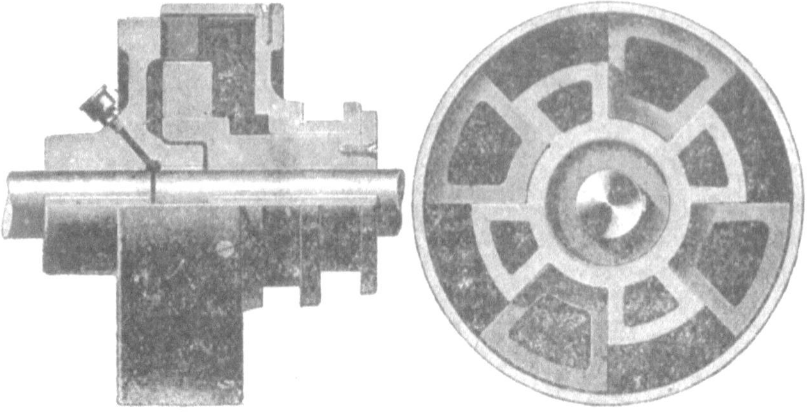

Fig. 8. — Manchon a croisillon.

Cet embrayage, figure 9, qui se manœuvre à l'arrêt des transmissions, est un accouplement rigide, remplaçant avantageusement les manchons à griffes ordinaires, car il est solidement claveté sur les deux arbres.

Il possède toutes les qualités du manchon à coulisseau Hildebrandt, laisse entre les deux plateaux tout le jeu nécessaire pour démonter chacun

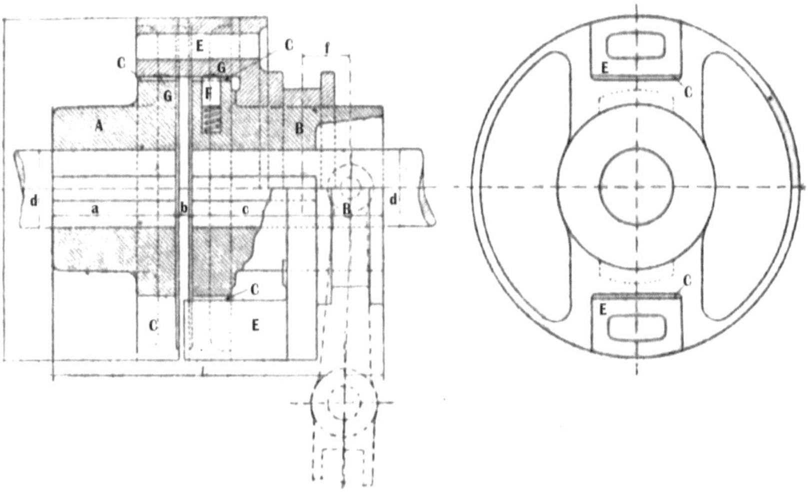

Fig. 9.

Alésages	D	L	a	b	c	f
40	200	203	68	12	123	30
45	200	203	68	12	123	30
50	225	225	77	16	132	35
55	225	225	77	16	132	35
60	270	269	93	14	107	42
65	270	269	93	14	107	42
70	320	305	107	16	182	47
75	320	305	107	16	182	47
80	360	338	122	16	200	48
85	360	338	122	16	200	48
90	400	398	147	18	233	59
95	400	398	147	18	233	59
100	450	435	160	18	257	66
110	450	435	160	18	257	66
120	520	517	190	22	305	78
130	520	517	190	22	305	78
140	600	584	220	24	340	87
150	600	584	220	24	340	87

Fig. 9 — Dimensions de construction.

des arbres indépendamment de son voisin et constitue un accouplement plus flexible que les autres systèmes : il permet une légère obliquité des arbres.

L'embrayage à coulisseau se compose de deux demi-manchons A et B, calés dans une position invariable sur chacun des arbres à assembler. Les deux plateaux portent des logements C et C', aux extrémités d'un même diamètre ; entre leurs faces, aux extrémités de chacun des arbres, existe un jeu séparant ceux-ci de 10 à 15 mm. Le moyeu du demi-manchon B est tourné extérieurement pour recevoir un coulisseau D à gorge de manœuvre, glissant à frottement doux sur ce moyeu ; il porte deux traverses E et E' venues de fonte avec le manchon et constamment engagées dans les logements C. En poussant le coulisseau, on produit l'embrayage du demi-manchon A avec les traverses qui pénètrent dans les logements C', et on entraîne l'arbre correspondant. Un doigt F, poussé par un ressort à boudin, s'engage alternativement, par son extrémité, dans les fraisures G et G' pratiquées sous la traverse et rend ainsi le coulisseau fixe dans chacune de ses positions extrêmes d'embrayage et de débrayage.

Nota important. — Les embrayages à dents doivent toujours être placés entre deux paliers soutenant les bouts d'arbres, comme on le voit figures 5 et 6.

Ils sont employés toutes les fois que l'on veut pouvoir isoler facilement un arbre récepteur ; dans la marine on met un embrayage à griffes qui permet de rendre l'hélice indépendante de l'arbre-moteur lorsqu'on veut naviguer seulement à voiles, ce qui permet à l'hélice de tourner à vide afin d'opposer une moindre résistance à l'avancement du navire. Ces manchons à dents sont de grandes dimensions.

- II -

Accouplements à cliquets

Cet accouplement permet d'arrêter un moteur sans arrêter l'autre et il compense les variations de vitesse des deux arbres de telle sorte que le moteur qui tourne le plus vite ne peut pas entraîner celui dont la vitesse est moindre. On le désigne généralement sous le nom de *manchon Pouyer*, du nom de Pouyer-Querlier, son inventeur ; celui décrit ci-après a été perfectionné et construit par MM. Piat et Cie, de Paris (fig. 10).

Ce manchon se compose de deux parties, l'une intérieure, l'autre extérieure, calées respectivement aux extrémités des arbres moteurs. La pièce intérieure porte deux cliquets articulés, tandis que l'autre, en forme de cuvette, porte quatre logements pour ces cliquets ; quand ils

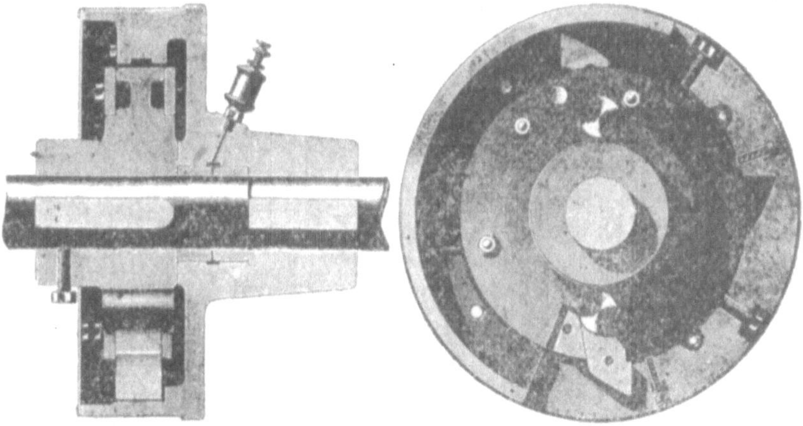

Fig. 10. – Manchon à cliquets.

sont butés, les deux parties ont la même vitesse de rotation. Des ressorts, de forme spéciale, agissent sur les cliquets, le sens de la rotation ' tant convenablement choisi, les ressorts poussent les cliquets et les font pénétrer dans leurs logements dès que la vitesse de la cuvette tend à devenir supérieure à celle du manchon à cliquets.

Si le contraire a lieu, les cliquets s'abaissent dans les logements et rabattent les ressorts. À chaque variation de vitesse, la pièce qui a pris l'avance devenant plus chargée, l'autre est dégagée, la première ralentit et l'enclenchement des cliquets se produit.

Comme il y a deux cliquets et quatre alvéoles, l'accélération est limitée à un quart de tour au plus si les deux moteurs agissent sur le même arbre de transmission. On peut se dispenser de couper l'arbre en employant une poulie ou un engrenage calé sur le moyeu de la cuvette ; celle-ci est alors installée sur l'arbre comme poulie folle, comme le montre la figure 12.

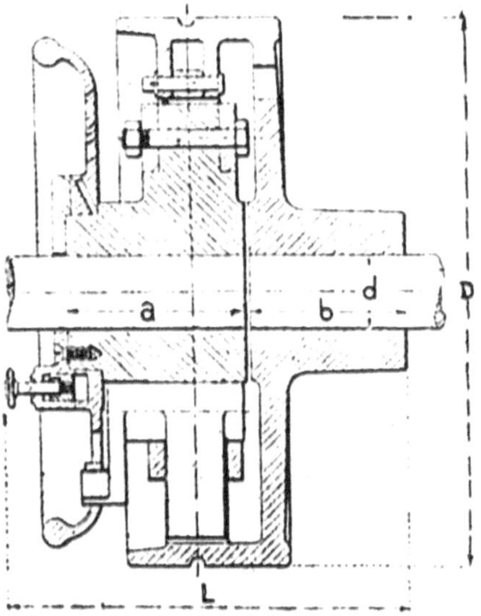

Fig. 11.

Fig. 12.

Débrayage.

Il arrive presque toujours, dans les installations de deux moteurs, que l'un d'entre eux doit fonctionner comme moteur de secours, son action est donc temporaire, et il devient intéressant de pouvoir l'arrêter complètement pendant le temps, où il est inutile. À cet effet,

Diamètre des arbres d	Diamètre du manchon D	Longueur totale L	Encombrement sur les arbres a	b	Poids approximatif
mill.	mill.	mill.	mill.	mill.	kil.
70	495	375	163	140	160
80	495	375	163	140	160
90	495	375	163	140	160
100	550	405	178	150	260
110	550	405	178	150	260
120	650	455	200	175	420
130	650	455	200	175	420
140	780	540	236	235	750
150	780	540	236	235	750
160	920	620	275	265	1.000
170	920	620	275	265	1.000

on a disposé sur l'appareil un mécanisme à volant de manœuvre qui permet de rabattre entièrement les cliquets dans leurs logements et de les rendre ainsi immobiles. L'autre partie de manchon est donc isolée, et la commande a lieu par un seul moteur, sans bruit et sans usure des autres pièces de l'appareil (fig. 11).

Ce dispositif est un perfectionnement important apporté à l'accouplement, intéressant pour supprimer l'action du moteur de secours.

Le mouvement de rabattement des cliquets par ce mécanisme est très rapide et très efficace, il doit être fait à l'arrêt des moteurs.

Combinaisons d'embrayages et de manchons, pour actionner une transmission par deux moteurs.

On peut combiner un embrayage à friction avec tout antre accouplement. Ainsi, pour une commande électrique, on peut assembler la cuvette de friction avec un accouplement élastique. On peut aussi le conjuguer avec un manchon pour accouplement de deux moteurs, par exemple, pour un ensemble composé d'un moteur à gaz et d'une roue hydraulique ; l'embrayage à friction opère le lancement du moteur à gaz, et l'accouplement obvie aux variations de vitesse des deux moteurs.

La même disposition est employée lorsqu'il s'agit d'actionner une même transmission par deux moteurs devant fonctionner simultanément ou isolément. L'embrayage à friction, sur lequel est montée la poulie à câbles, permet d'embrayer à volonté le premier moteur ; le manchon automatique, reliant à la transmission la poulie à courroie du second moteur, permet la marche simultanée des deux moteurs, de telle sorte que le moteur principal ne puisse jamais entraîner le moteur de secours. Le même manchon permet, en outre, d'immobiliser le second moteur (fig. 13).

Fig. 13. — Accouplement de deux arbres moteurs par embrayage élastique et manchon à cliquets.

- III -

Manchons à friction dits de sûreté

Reuleaux mentionne l'emploi de ces manchons pour relier deux arbres, de telle sorte que si la résistance de l'arbre conduit dépasse celle pour laquelle est calculé l'arbre conducteur, il se produit une friction dans ledit manchon. Les dessins que donne cet excellent auteur ne valent pas celui (fig. 14), dans lequel MM. Piat font emploi de rondelles Belleville pour assurer aux surfaces de friction un contact élastique et compenser, jusqu'à un certain point, l'usure de ces surfaces.

Le fonctionnement tout à fait exceptionnel du mécanisme de ces plateaux rend, du reste, cette usure à peu près nulle.

Ainsi que le montre la figure 14, ce manchon de sûreté se compose

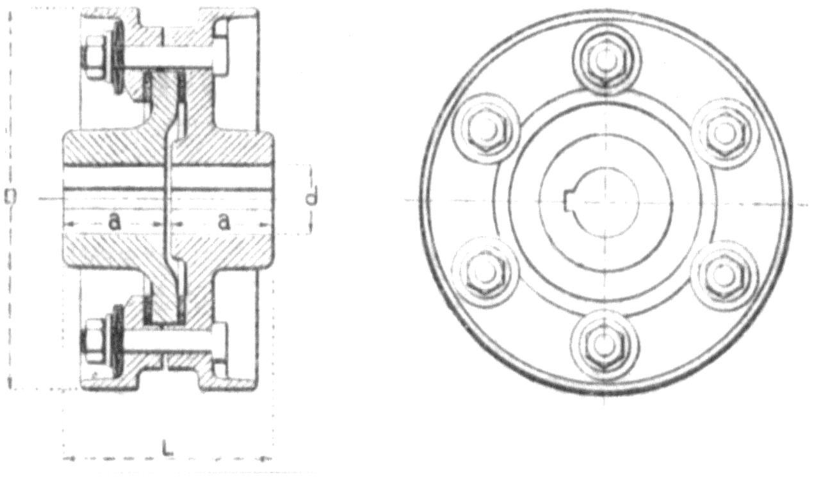

Fig. 14. — Manchon à friction.

Diamètre des arbres d	Diamètre extérieur D	Longueur L	Longueur des moyeux a	Nombre de boulons	Diamètre des boulons	Poids approximatif
mill.	mill.	mill.	mill		mill.	kil.
55	325	186	90	6	18	55
60	325	186	90	6	18	55
65	350	217	105	6	20	75
70	350	217	105	6	20	75
75	415	248	120	6	22	105
80	415	248	120	6	22	105
85	450	279	135	8	22	140
90	450	279	135	8	22	140
95	500	310	150	8	24	170
100	500	310	150	8	24	170
105	550	342	165	8	26	225
110	550	342	165	8	26	225
115	600	372	180	8	26	310
120	600	372	180	8	26	310

d'un plateau mâle engagé dans un plateau femelle avec couronne boulonnée par 6 ou 8 boulons garnis de rondelles élastiques Belleville ; les surfaces périphériques de friction sont garnies de disques en cuir ou produits amiantés (*Ferodo* ou autres) ayant un coefficient de frottement élevé tout en rendant le grippement impossible.

La puissance d'action du plateau dépend de son diamètre de friction ainsi que du serrage des boulons ; le tableau ci-dessus, dû à MM. Piat, en donne les dimensions selon le diamètre des arbres accouplés.

- IV -

Embrayages progressifs

Ces appareils présentent un grand intérêt et sont employés toutes les fois qu'il faut démarrer, par accouplement d'arbres bout à bout, par engrenages ou par poulie fixe, des machines ayant une grande inertie et offrant, par conséquent, une grande résistance à la mise en marche. C'est le cas dans les voitures automobiles et dans toutes les transmissions d'atelier lorsque le démarrage ne peut pas se faire par courroie sur poulies fixe et folle : lorsque la transmission comporte une large courroie avec peu de distance d'axe en axe des arbres ; lorsque la transmission a lieu par câbles en chanvre ou acier ; pour les poulies des transmissions télédynamiques, etc.

Lorsque l'attaque des transmissions est faite par un moteur dont la mise en marche ne peut se faire qu'à vide, l'embrayage progressif s'impose, à défaut de courroie : c'est le cas des moteurs à gaz en général et de la plupart des moteurs électriques à courant alternatif, dont le couple de démarrage est faible.

La progressivité de ces embrayages s'obtient par la mise en contact de deux surfaces de friction sous l'influence d'une pression croissante : il y a d'abord glissement et entraînement de la partie conduite jusqu'à ce qu'elle ait atteint la vitesse angulaire de la partie menante ou motrice.

Pendant cette période de glissement et de friction énergique il y a échauffement des surfaces frottantes dont il faut absolument empêcher le grippement qui détériorerait ces surfaces et pourrait coller l'embrayage, rendant ainsi le débrayage impossible.

L'étude d'un embrayage progressif doit doue prévoir des surfaces de friction capables de supporter la haute température et l'effort d'arrachement des molécules ; il doit se refroidir rapidement et à cet effet, on pourvoit certains embrayages d'ailettes qui dispersent, la chaleur dans l'atmosphère.

Mais un des points capitaux dans l'établissement des embrayages est d'éviter la poussée sur les arbres dans le sens longitudinal.

Cette poussée qu'il est difficile d'annuler pendant les courtes périodes de manœuvre d'embrayage ou de débrayage doit être absolument nulle quand l'appareil est débrayé ou qu'il est embrayé.

Enfin, si l'embrayage doit être aussi progressif que possible, le débrayage doit toujours être instantané ; l'un et l'autre ne doivent nécessiter que des efforts très faibles pour leur manœuvre, laquelle doit pouvoir se faire à distance si besoin est.

Toutes ces qualités ne sont pas réunies dans tous les mécanismes d'embrayage progressif ; nous ne décrirons dans ce volume que ceux qui les réunissent autant qu'il le faut, selon leurs applications spéciales.

Une transmission munie d'un embrayage se trouve, par le fait, pourvue d'un manchon de sécurité tel que si la résistance de la transmission dépasse le maximum prévu, l'embrayage patine et le moteur n'est pas arrêté, ni surchargé sans que le mécanicien soit avisé.

Un embrayage progressif à friction peut être considéré comme un frein agissant entre deux organes mobiles, tandis que le frein proprement dit agit entre un organe mobile et un autre fixe.

Les embrayages à friction sont de trois types :

1. - À cônes directs ou inverses ;
2. - À friction cylindrique intérieure par poulie ou mâchoires extensibles ;
3. - À friction plane par disques unique ou multiple.

Mais ils subissent d'appréciables modifications selon qu'ils sont destinés aux usages industriels ou aux véhicules automoteurs.

Nous étudierons donc ces trois types d'un point de vue général et donnerons une description des meilleurs modèles industriels et d'automobiles.

Comparaison des divers types d'embrayages

Les embrayages à cônes sont plus simples de construction ; le nombre des pièces qui les constituent est sensiblement plus petit ; ces pièces n'ont pas besoin d'être exécutées avec autant de précision que les pièces de l'embrayage à disques ; ils sont par conséquent beaucoup moins coûteux.

Tandis que les embrayages à disques nécessitent une mise au point assez délicate au montage et, par la suite, une rectification assez fréquente, l'embrayage à cônes ne demande pratiquement aucun réglage, et, par conséquent aucune surveillance en service.

Les pièces de rechange sont beaucoup moins chères pour l'embrayage conique que pour l'embrayage a disques ; elles se réduisent au remplacement de la bande de matière frottante, chose qui n'arrive qu'après un service très prolongé — à moins que l'embrayage ne soit mal calculé et ne fatigue sa surface frottante outre mesure.

Bref, c'est un organe beaucoup plus rustique, moins cher et plus sûr en fonctionnement prolongé et sans surveillance particulière.

Par contre, sa partie conduite est assez lourde, elle présente une inertie plus importante que la partie correspondante de l'embrayage à disques. De plus, comme dans l'embrayage à disques multiples on peut augmenter le nombre de ces pièces à volonté et de cette façon réduire la pression unitaire plus que dans l'embrayage conique, en tolérant un glissement plus prolonge, le premier se montre en général plus souple et plus doux au démarrage que celui a cônes.

Spécialement, au point de vue automobile, la souplesse est nécessaire pour assurer le démarrage sans secouer les voyageurs et il faut que la partie menée, solidaire de l'arbre primaire de la boîte des vitesses ait la plus faible inertie possible pour le passage facile et sans bruit d'une vitesse à une autre. Ceci devient d'autant plus indispensable dans les voilures modernes, que les moteurs tournent de plus en plus vite, et l'inertie augmente, ainsi que nous le savons, comme le carré de la vitesse de rotation. Il faut pourtant dire que les embrayages coniques bien construits peuvent être très souples et peuvent présenter très peu d'inertie. Il suffit de rappeler que la Renault, la Rolls-Royce, pour ne citer que celles-là, possèdent jusqu'à présent l'embrayage à cônes, et que l'une des meilleures voitures de course actuelles dont le moteur tourne à 6.000 tours, a conservé avec succès cet embrayage. De toute façon, les cas sont nombreux où l'embrayage conique conservera son application, à cause des avantages que nous venons de mentionner.

Les embrayages à segment extensible par friction intérieure sur une surface cylindrique ne sont employés que dans les usages industriels ; ils ont l'avantage de n'occasionner aucune poussée sur les arbres, en vertu même des forces de frottement qui sont perpendiculaires à l'axe de rotation.

- V -

Embrayages à cônes

Deux troncs de cône s'emboîtent l'un dans l'autre, figure 15 ; le *cône femelle f* entraîne *par friction* progressivement, puis par *adhérence*, le cône mâle *m* qui est manœuvré par une fourchette (fig. 34) agissant sur une gorge *f* '. Cet entraînement détermine une

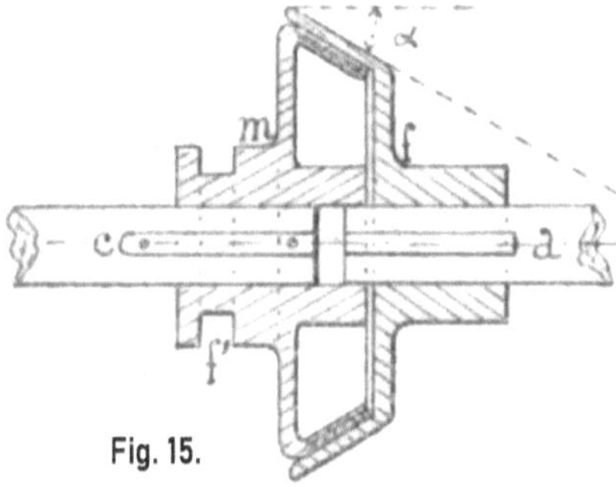

Fig. 15.

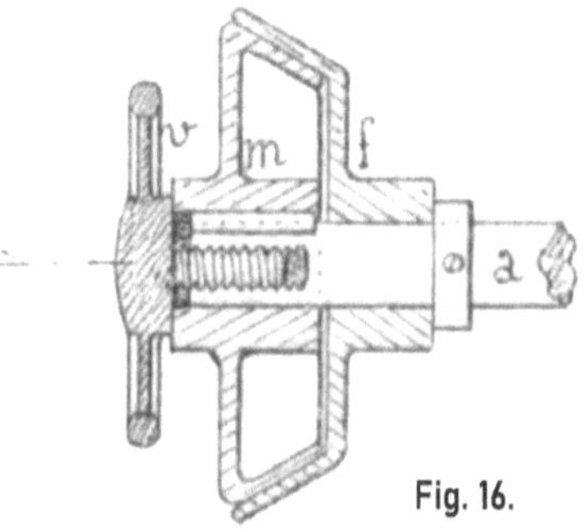

Fig. 16.

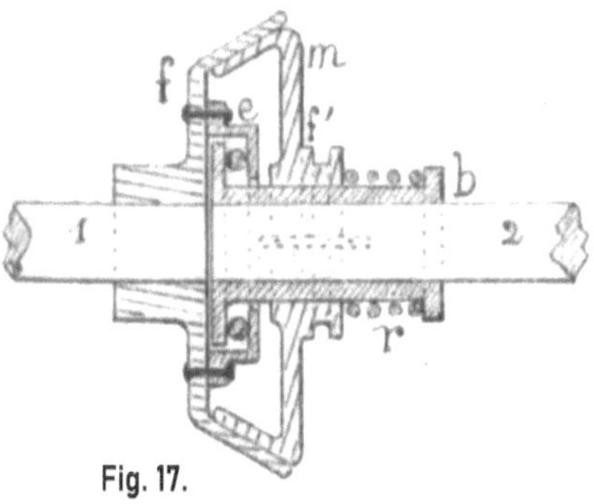

Fig. 17.

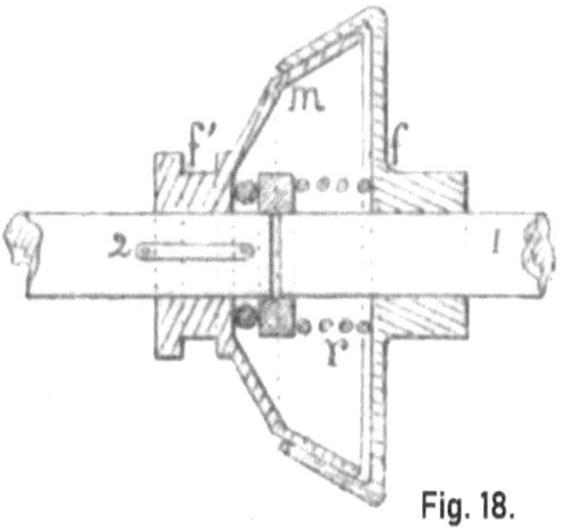

Fig. 18.

Fig. 15-18.— Embrayages à cônes.

poussée latérale sur les deux arbres accouplés ; α étant le demi-angle au sommet des cônes et P la pression normale aux surfaces de friction, la poussée radiale sur les arbres est P sin α. Elle est nulle pour α = 0 (cas de l'embrayage cylindrique) et égale à la pression totale pour α = 90°.

Si α est trop petit, le débrayage est difficile car il y a coincement entre les deux cônes ; si α est grand, la poussée sur les arbres doit être très considérable pour maintenir l'embrayage.

On donne à l'angle α une valeur comprise entre 12 et 20°.

Pour éviter la poussée radiale, Reuleaux mentionne le mécanisme représenté figure 16 : le cône *f*, récepteur est fou sur l'arbre moteur *a* et le cône mâle *m* est approché et serré sur *f* au moyen d'une vis avec volant *v*. Ce dispositif pourrait être remplacé par celui représenté figure 5 si l'embrayage était au milieu d'un arbre et non en bout comme figure 16.

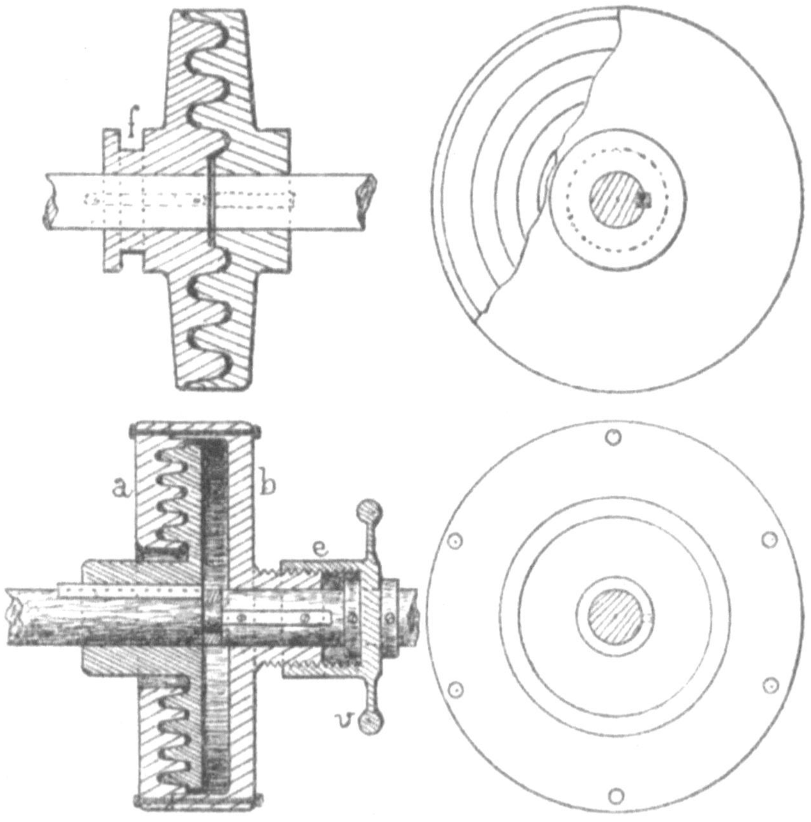

Fig. 19-20.— Embrayages à cannelures.

Les embrayages à cônes sont surtout employés sur les voitures automobiles, selon les schémas suivants : figure 17 : cône direct dans lequel la poussée latérale est annulée, pendant la position d'embrayage, par une butée à billes contenue dans une cuvette *e* ; un ressort *r* donne la pression nécessaire par l'intermédiaire de la douille *b*.

Figure 18 : cône inverse ; la pression est donnée par un ressort intérieur *r* ; il n'y a pas de poussée radiale dans la position embrayage. Mais avec ces deux systèmes, il y a poussée sur les arbres pendant toute la durée des débrayages ; ceci n'a pas d'inconvénient en automobile où les périodes de débrayage sont très courtes et la poussée est reçue par des butées à billes ; mais ces dispositifs ne pourraient pas s'appliquer aux transmissions industrielles où le débrayage a souvent une durée plus grande que l'embrayage.

Les plateaux à cannelures, figure 19, ont été employés autrefois comme embrayages progressifs ; ils ont le défaut de pousser sur les arbres accouplés ; Reuleaux indique, comme son invention, le manchon à cannelures représenté figure 20 : c'est une sorte d'embrayage à cônes inverses où le serrage est obtenu à l'aide d'un écrou *e* à volant *v*, comme celui représenté figure 5.

Construction et calcul des embrayages à cônes.

Ce qui suit est extrait de deux notices fort bien faites par la *Société Française du Ferodo* qui a bien voulu nous autoriser à reproduire ses textes et calculs ; ceux-ci sont faits en supposant que les garnitures, qui supportent directement le frottement, sont faites d'une matière résistant à l'échaudement et aux agents nuisibles tels que l'huile et l'eau, ce qui est le cas d'un aggloméré à base d'amiante tel que le Ferodo, mais non pas du cuir d'origine animale qui se racornit par la chaleur et se ramollit par le contact avec l'huile ou l'eau. Les garnitures de cuir sont, du reste, généralement abandonnées maintenant.

Soit l'arbre moteur A (fig. 21) et, en prolongement de celui-ci, l'arbre conduit B qu'il faut, à volonté, faire tourner ou arrêter. À cet effet, sur l'arbre A est fixé à demeure le cône C et sur l'arbre B est monté un cône D. Ce dernier cône doit tourner avec l'arbre B, mais il est libre de coulisser sur celui-ci dans le sens axial. La liaison entre l'arbre B et le cône D, est réalisée, par exemple, à clavettes, ou à cannelures. La

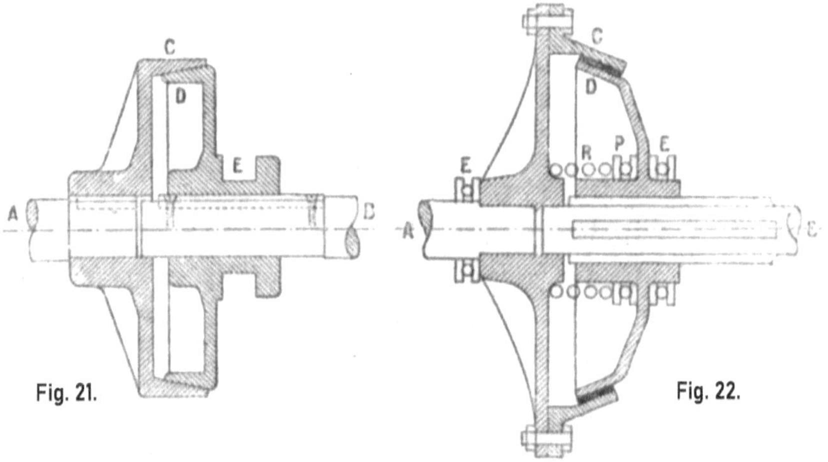

Fig. 21. Fig. 22.

Fig. 21-22.– Embrayages à cônes pour automobiles.

commande du mouvement axial est obtenue, par exemple, à l'aide d'une gorge E, pratiquée dans le moyeu du cône coulissant et d'une fourchette non représentée sur la figure.

En manœuvrant la fourchette à droite, on sépare les cônes et on débraye le mécanisme conduit. En poussant à gauche, on fait entrer en contact les deux surfaces coniques et le frottement qui se produit tend à entraîner le cône D. Cet entraînement devient complet au bout de quelque temps si le cône D est appuyé avec une force suffisante que nous pourrons, par la suite, facilement calculer. Cette force devra être maintenue entre certaines limites qu'il ne faudra pas dépasser, et, pour assurer son intensité, l'effort d'appui sera exercé par l'intermédiaire d'un ressort taré.

Ce ressort prend appui d'un côté sur le cône D, mais de l'autre côté il peut le prendre soit sur la partie conduite, soit sur la partie motrice. Dans le premier cas, il y aura une poussée axiale sur l'arbre B au débrayage, et une poussée axiale sur les deux arbres à l'embrayage, c'est-à-dire pendant toute la durée du travail, et les paliers de butée des deux arbres devront être soigneusement étudiés et abondamment graissés.

Lorsqu'au contraire on fait porter la deuxième extrémité du ressort sur la partie motrice, il existe au débrayage une poussée sur le cône D et une autre sur l'arbre A. À l'embrayage, ces poussées s'annulent. La deuxième solution présente donc de sérieux avantages, surtout dans le cas de mécanismes où la durée du travail est supérieure à la durée des arrêts.

Cône Inverse.

On obtient ce résultat par le cône inverse représenté sur la figure 22. Le ressort R s'appuie directement sur les deux cônes pour les écarter à l'embrayage. Il est clair que l'une des deux extrémités du ressort doit être pourvue d'un palier de butée P. Nous avons représenté cet embrayage avec des butées à billes qui sont toujours à recommander si l'on veut avoir le minimum d'entretien et le minimum d'usure. L'effort de la fourchette de débrayage se transmettra par l'intermédiaire de la butée E. Au débrayage il sera équilibré par la butée E, mais en action, aucune de ces butées ne travaillera, seule la butée P subira un effort statique.

Cône direct.

L'annulation de la poussée axiale en période d'embrayage peut être réalisée aussi par le cône droit représenté figure 23. Cette construction est plus compliquée que la précédente.

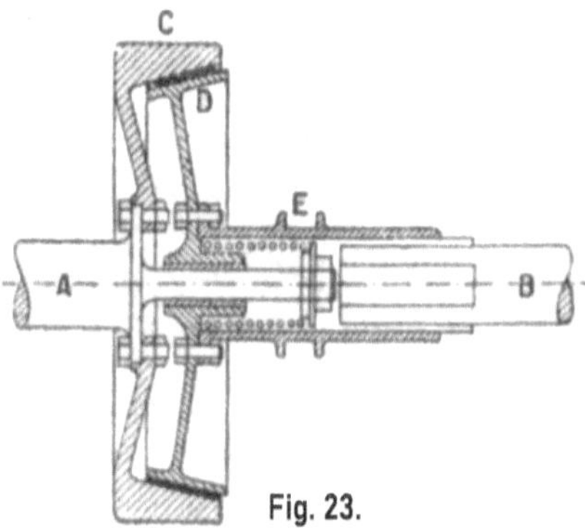

Fig. 23.

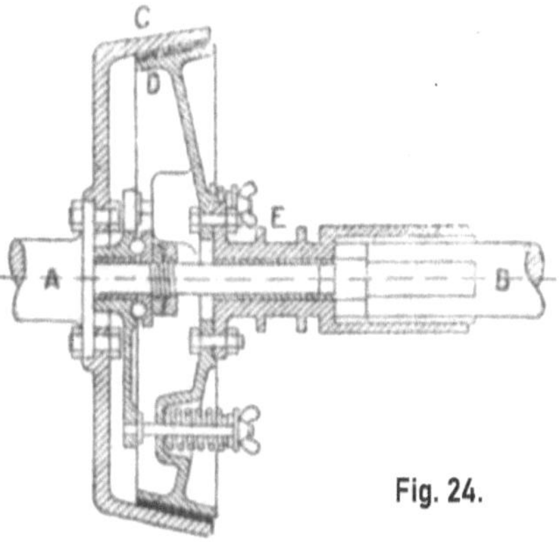

Fig. 24.

Fig. 23-24.— Embrayages à cône direct.

Ressorts multiples.

Quelquefois, au lieu d'employer un seul ressort central, on en emploie plusieurs disposés régulièrement sur une circonférence placée entre le cercle de l'embrayage et le centre, comme le montre la figure 24. Cette construction est plus compliquée et aussi plus délicate, car l'ensemble des ressorts, axes, bossages, etc., doit être bien équilibré pour éviter les vibrations aux grandes vitesses ; par contre elle permet un réglage plus facile de la tension des ressorts (un ressort unique est réglable également).

Cône double.

Pour transmettre une grande puissance avec un embrayage aussi réduit que possible, on emploie un cône double. Un embrayage de ce genre est représenté figure 25 ; dans ce cas, les ressorts seront placés entre les deux cônes entraînés, ce qui supprime la nécessité des butées à billes. Ici, le constructeur a employé des ressorts à lames R, manœuvrés à l'aide d'un levier, d'une bielle et du manchon mobile à gorge, représentés en traits pleins pour la position embrayée et en traits pointillés pour la position débrayée.

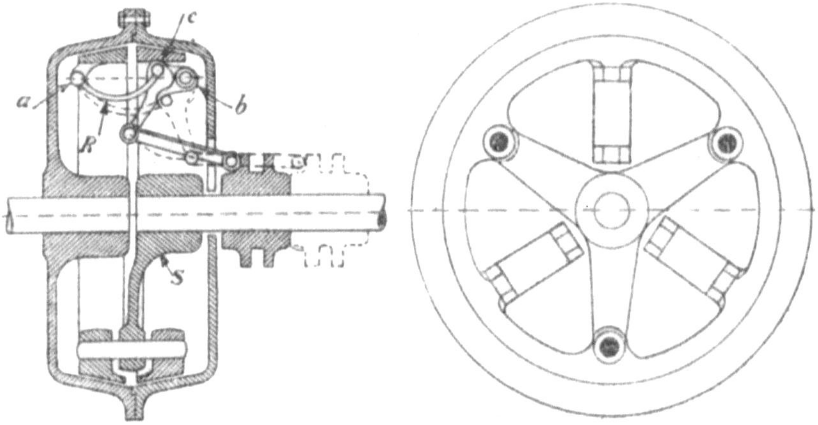

Fig. 25.— Embrayage à cône double.

Les axes *a* et *b* sont solidaires respectivement des cônes mobiles. L'axe *c*, où s'articule l'extrémité mobile du ressort, est porté par le levier mobile de commande. En manœuvrant ce levier vers la gauche, on comprime le ressort et l'on réalise l'accouplement. Lorsqu'on le tire à droite, on débraye. Pour que les cônes mobiles trouvent un point d'appui qui les centre et qui les empêche de porter sur les cônes entraîneurs, ils sont montés à coulissement libre sur un support à trois bras S.

Il est évident que si l'on dispose le mouvement des ressorts et des leviers de telle sorte que, dans la position débrayée, le point *c* dépasse la ligne *ab*, cette position sera stable et le manchon mobile n'exercera aucun effort sur la fourchette de commande, ni dans la position embrayée, ni dans la position débrayée. L'effort produisant un frottement dans la gorge du manchon mobile ne se manifestera que pendant la manœuvre de l'embrayage. Les ressorts de ce genre sont évidemment très peu flexibles ; par conséquent, lorsqu'il se produira une certaine, usure des surfaces frottantes, il faudra changer les ressorts, à moins que l'on n'ait prévu un système de rappel des axes *a* par rapport à leur cône.

On peut facilement imaginer un embrayage fie ce genre avec un ressort central ou avec plusieurs ressorts à boudin périphériques comme pour les embrayages représentés sur les figures précédentes et dans lesquels la fourchette de débrayage exerce un effort continuel sur son manchon pendant tout le temps du débrayage.

Inertie du cône conduit.

Sur ces cinq figures, nous avons placé le cône femelle sur l'arbre moteur et le cône mâle sur l'arbre conduit. On adopte généralement cette, construction parce que le cône mâle est le plus léger et d'un plus petit rayon : par conséquent, son moment d'inertie est plus petit que celui du cône femelle. Or, dans la plupart des cas, il est nécessaire que l'arbre conduit s'arrête aussi vite que possible après le débrayage ; il faut pour cela que l'inertie des pièces débrayées tournantes soit minime, surtout celle des pièces de grand diamètre. On cherche donc à faire le cône mâle aussi léger que possible.

Quand cette condition a une grande importance, surtout dans les mécanismes tournant vite, on construit le cône mâle en aluminium ou en tôle d'acier, en lui donnant dans ce dernier cas la forme biconique que montre la figure 22.

Pour les embrayages d'automobiles, cette condition a une telle importance que beaucoup de maisons ont adopté un système de freinage qui entre en action au moment du débrayage. C'est nécessaire pour pouvoir passer d'une vitesse inférieure à la vitesse supérieure sans faire crier les engrenages.

En effet, la partie conduite et l'arbre primaire de la boîte des vitesses doivent, dans un temps très court, ralentir jusqu'à la nouvelle vitesse pour égaliser la vitesse des engrenages qui doivent entrer en prise. Mais il ne faut pas que ce ralentissement dépasse une certaine limite parce que, pour descendre d'une vitesse supérieure à la vitesse inférieure sans perdre de la vitesse de la voiture, il faut au contraire que l'arbre conduit et l'arbre primaire accélèrent leur rotation pour l'emprise des engrenages : d'où le passage de vitesses dit « en deux temps », avec réembrayage et légère accélération du moteur au point mort de la boîte de vitesses.

La garniture de friction se met habituellement sur le cône mâle, mais si l'on veut réduire au minimum l'inertie de ce dernier, on peut la fixer dans le cône femelle. Cette disposition gêne évidemment le refroidissement, et un tel embrayage chauffe plus facilement.

Le frottement des deux cônes pendant la durée de l'embrayage produit une certaine quantité de chaleur. Pour mieux l'évacuer, certains constructeurs pratiquent des ouvertures dans les toiles d'un ou des deux cônes, ce qui provoque une certaine ventilation et diminue en même temps l'inertie ; mais d'autres constructeurs préfèrent laisser les toiles pleines, ce qui garantit de la poussière le mécanisme compris entre les deux cônes.

Examinons maintenant les particularités de construction qui répondent à la condition de progressivité de l'embrayage.

Angle au sommet du cône et coefficient de frottement.

Il faut tout d'abord, comme il est indiqué dans tous les aide-mémoire, que le demi-angle au sommet du cône soit supérieur à l'angle de frottement. C'est un fait de mécanique bien connu, que deux cônes rigides emmanchés l'un dans l'autre se coincent lorsque leur angle au sommet est égal ou inférieur à deux fois l'angle de frottement. Pour qu'ils puissent se dégager sans résistance, il faut que cet angle soit légèrement supérieur au double de l'angle de frottement. Un embrayage qui coincerait serait brutal et fonctionnerait sans aucune progressivité, tandis que le débrayage nécessiterait un effort considérable dans le mécanisme de commande pour arracher le cône mâle du cône femelle.

Il faudrait donc, dans la construction, observer les données suivantes, suivant la nature des surfaces de friction :

Coefficient de frottement $\operatorname{tg} \varphi$ =.......	0,2	0,3	0,4
Angle de frottement φ = ...	11°20'	16°42'	21°48'
Demi-angle au sommet du cône .... (minimum)	12°	17°30'	22°40'

Cette règle serait rigoureuse dans le cas où les deux cônes auraient leurs surfaces frottantes absolument rigides, comme dans le cas de deux surfaces métalliques (l'emmanchement d'un moyeu de poulie sur un bout d'un arbre conique, par exemple). Mais, avec une surface frottante présentant une certaine plasticité, on peut descendre assez sensiblement en dessous du double de l'angle de frottement, sans provoquer de coincement.

Ressort et douceur d'embrayage.

Le ressort d'embrayage doit dépasser sensiblement la force qui est strictement nécessaire pour l'entraînement du mécanisme conduit.

Si ce ressort appliquait brusquement les deux surfaces coniques l'une sur l'autre, il s'ensuivrait un entraînement trop brutal du mécanisme conduit avec des accélérations exagérées, sans patinage possible.

Pour éviter cet inconvénient, on s'arrange pour que certaines parties de l'un des deux cônes soient élastiquement prééminentes sur les autres. On peut, par exemple, comme le montre la figure 26, interposer entre le cône et la garniture une série de ressorts à lames, ou des ressorts à boudin comme sur la figure 27. On peut aussi, comme sur la figure 28, découper une série de lèvres dans le cône femelle et leur donner une bande vers l'intérieur du cône.

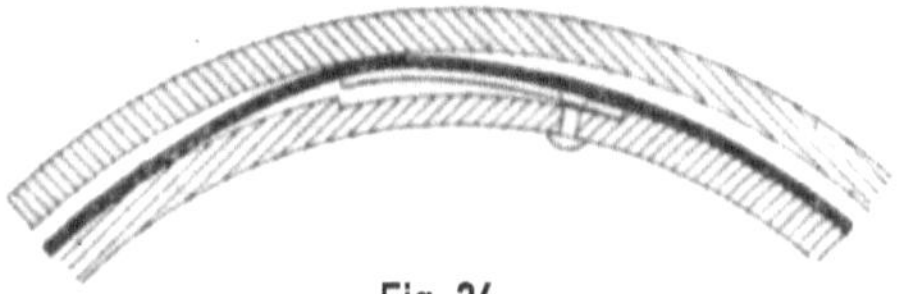

Fig. 26.

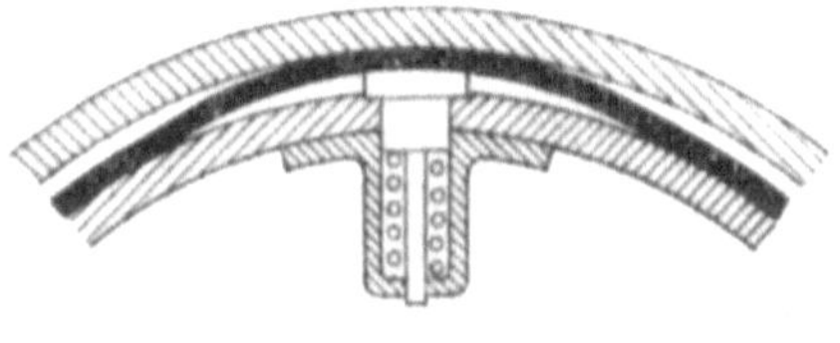

Fig. 27.

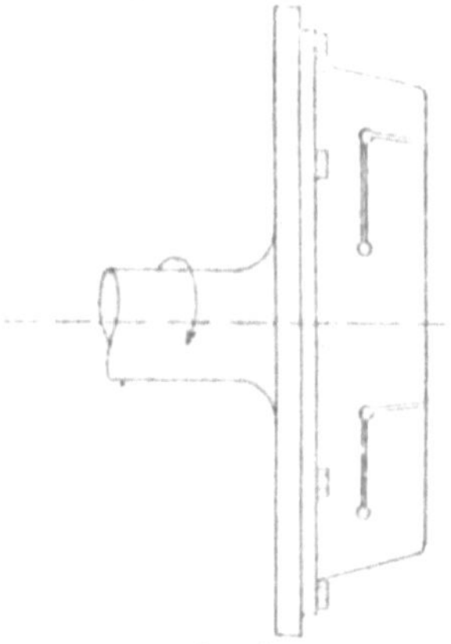

Fig. 28. - Cône élastique.

Fig. 26-28.— Garnitures et cône élastiques.

Grâce à un dispositif de ce genre, l'effet de l'embrayage se fait sentir dès que le cône mâle commence à se rapprocher du cône femelle et il se produit un patinage assez appréciable avant que les deux cônes viennent s'emboîter définitivement et se bloquer. Il est bien plus avantageux de donner de l'élasticité au cône femelle. En faisant l'inverse, on détériore avec le temps la garniture Pour les embrayages tournant vite, il est préférable de fixer celle-ci très solidement à son support à l'aide de rivets très rapprochés et même à l'aide de frettes. Si on laisse des parties élastiques, ces dernières se détendent aux grandes vitesses, sous l'effet de la force centrifuge et ensuite elles empêchent le débrayage. Cet inconvénient disparaît si la garniture est fixée au cône femelle, car la force centrifuge agit pour augmenter l'adhérence de la matière plastique sur la surface métallique qui la supporte.

Ces divers modes de construction ont donné jusqu'ici de bons résultats dans la pratique, et nous tenions à indiquer le dispositif d'embrayage progressif par bossages élastiques dont nous venons de parler.

On peut obtenir un embrayage progressif en abaissant la pression unitaire à 0,7 kg. par cm^2 et cette méthode a fait ses preuves dans les embrayages à disques ; mais la nécessité de transmettre de grandes puissances en donnant à la partie conduite le minimum d'inertie, peut faire accepter des pressions de 3 à 4 kg. par cm^2.

C'est dans ce cas que les dispositifs d'élasticité deviennent utiles.

CALCUL DES EMBRAYAGES CONIQUES

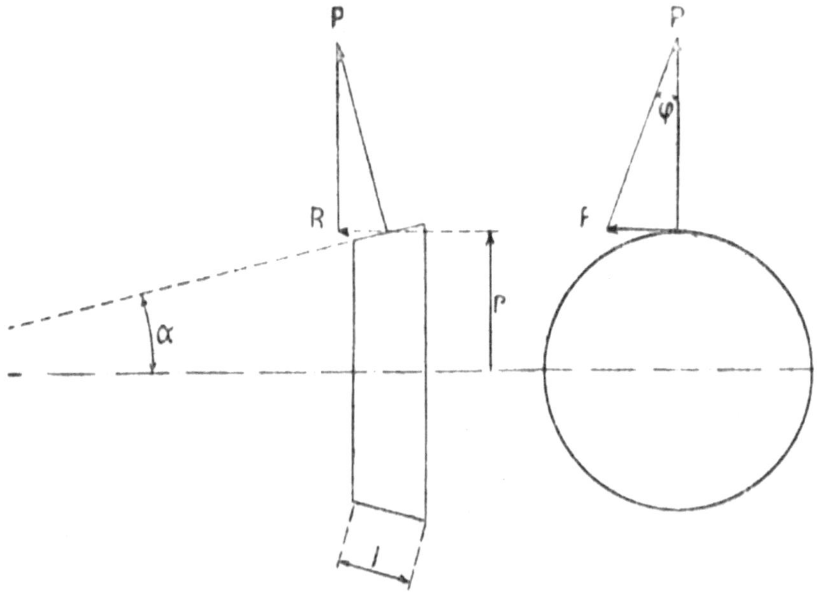

Fig. 29. - Embrayages coniques.

Soit (fig. 29) :

α. — Le demi-angle au sommet du cône,

r. — Le rayon moyen de l'embrayage,

l. — La largeur de l'embrayage,

C. — Le couple moteur à transmettre,
F. — L'effort tangentiel d'entraînement,
R. — La force nécessaire du ressort,
P. — La pression totale entre les surfaces,
p. — La pression unitaire entre les surfaces,
tg φ. — Le coefficient de frottement.

Connaissant C, nous aurons :

$$F = C / r$$

et

$$P = F / \text{tg}\, \varphi$$

Ceci nous permettra de déterminer la force nécessaire pour le ressort :

$$R = P \sin \alpha = (F / \text{tg}\, \varphi) \sin \alpha$$

La pression unitaire sera égale à :

$$p = P / (2\pi\, r\, l) = C / (2\pi\, r^2 l\, \text{tg}\, \varphi)$$

Il faut remarquer que α dépend de φ et doit lui être légèrement supérieur, sin α sera donc voisin de tg φ et, pour l'établissement de l'avant-projet, on peut poser :

$$R = C / r$$

Il faut choisir *r* en tenant compte de remembrement disponible pour le ressort, lequel ne doit pas être trop dur pour la manœuvre ; de la largeur acceptable de la garniture, laquelle augmentera en raison inverse du carré du rayon, et de la pression unitaire qui pourra être prise entre des limites variant de 1 à 3 kg. cm^2 et qu'il y aura intérêt à faire descendre jusqu'à 0,7 kg. cm^2 si l'on veut un embrayage très doux, mais qu'on pourra faire monter jusqu'à 4 et même 5 kg. cm^2 s'il faut transmettre une très grande force à l'aide d'un embrayage aussi petit que possible.

Certains auteurs recommandent, pour l'établissement de la force du ressort, de tenir compte du frottement qui s'oppose à la pénétration d'un cône dans l'autre et, de l'augmenter en conséquence. Dans ce cas, il faudrait, au lieu de :

$$R = P \sin \alpha$$

écrire $$R = P (\sin \alpha + \cos \alpha\, \text{tg}\, \varphi)$$

Mais cette précaution n'est pas utile, parce que celle pénétration s'accompagne d'un mouvement de rotation relatif, ce qui annule pratiquement la résistance de frottement à la pénétration.

La force du ressort R trouvée par le calcul et capable tout juste d'équilibrer le couple moteur, doit être augmentée de 25 à 50 % pour ne pas donner lieu à un patinage trop prolongé à l'embrayage. Cette augmentation ne doit pas être exagérée, parce que l'embrayage deviendrait trop brutal.

Il faut tenir compte aussi de l'usure des surfaces frottantes qui fait qu'avec le temps, le ressort se trouve détendu d'une quantité appréciable par rapport à sa position initiale et c'est à la position de l'usure maximum qu'il doit avoir la force requise par le calcul. Ces considérations nous amènent à chercher des ressorts à plus grande flexibilité possible, de façon à avoir le minimum d'écart de force entre leurs positions extrêmes. Il faudra donc les prendre aussi longs que possible.

Les ressorts non réglables sont trop durs quand l'embrayage est neuf et donnent un entraînement trop brutal au début du service. Les ressorts réglables, comme ceux de la figure 24 assurent mieux la progressivité de manœuvre et usent moins les surfaces frottantes, parce que la pression unitaire reste toujours égale à la valeur requise pour l'absorption du couple moteur.

Embrayages industriels.

L'application de l'embrayage à cônes est limitée par la grandeur raisonnable de ses dimensions et par son inertie.

Divers chiffres ont été donnés pour la pression admissible par centimètre carré de garniture et certains d'entre eux sont très supérieurs à ceux qu'on accepte pour les embrayages à disques.

Il ne faut pas s'en étonner outre mesure. Le facteur capital dans le choix des pressions est la température obtenue à la surface de la garniture lorsque l'opération d'embrayage est terminée. Cette température est elle-même fonction de la masse de métal contre laquelle frotte la garniture.

Dans les embrayages à cônes, c'est le cône conduit qui porte la garniture, et la pièce métallique contre laquelle elle frotte, c'est le cône conducteur qui peut être relativement lourd et l'on risque des mécomptes en allégeant le cône mené en reportant la garniture sur le cône menant.

Cette grande importance de l'inertie se rencontre surtout dans l'automobile où le cône mené est suivi d'un changement de vitesse très exigeant.

Dans les applications industrielles, ni le peu d'inertie, ni la progressivité ne sont essentielles, les pièces formant réservoir de chaleur peuvent être lourdes, la durée des opérations d'embrayage est assez courte et par suite on pourra construire des embrayages coniques simples et à haute pression, c'est-à-dire peu volumineux et peu coûteux.

Considérations théoriques sur les embrayages à cônes.

Le coincement.

Nous employons à dessein ce mot coincement, car il est d'usage pour ce cas ; cependant, il est impropre.

En effet, ce mot définit généralement une sorte de verrouillage des pièces mécaniques tel que ces dernières opposent à un effort croissant une résistance toujours supérieure, la solution ne pouvant intervenir que par rupture d'une pièce.

Si l'on entend ainsi le mot coincement, il ne s'applique pas à l'assemblage de deux cônes, sauf s'ils sont de construction tout à fait particulière.

Il n'y a, à proprement parler, qu'une adhérence qui peut toujours être vaincue par un effort de traction que nous calculerons plus loin.

Avant de développer ce calcul, nous croyons bon d'insister sur une idée qui semblera évidente au lecteur, mais qu'il n'est pas moins nécessaire de préciser.

C'est par élasticité que deux cônes adhèrent l'un dans l'autre, élasticité résultant de l'effort qui a été précédemment appliqué pour les emboîter.

La direction de la réaction de la surface du cône à cet effort élastique est perpendiculaire à l'axe du cône, lorsqu'aucune poussée ni traction axiale ne le sollicitent. En effet, la somme des composantes des actions et réactions sur cet axe étant toujours nulle, si les premières sont nulles, les autres le sont également.

Si α, demi-angle au sommet du cône, est plus petit que l'angle de frottement statique, la réaction se trouvera à l'intérieur de l'angle de frottement (fig. 30), il y aura équilibre de frottement entre les deux

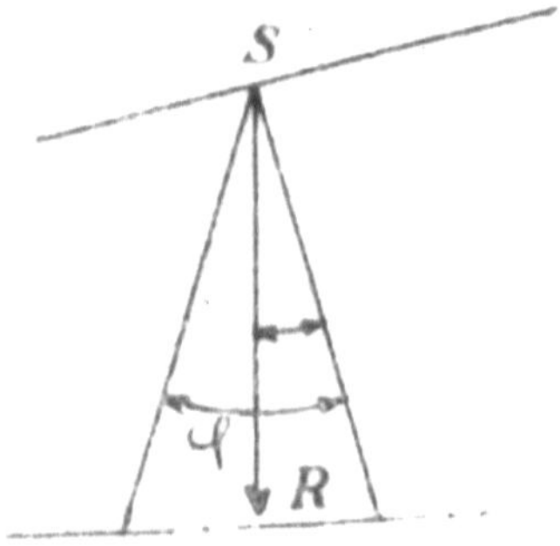

Fig. 30.

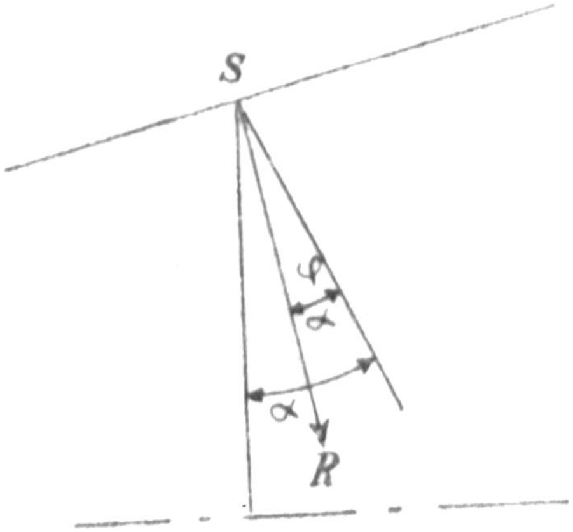

Fig. 31.

corps et aucun mouvement spontané ne se produira, lorsque la poussée axiale cessera d'agir. *Il y a adhérence.*

Si au contraire l'angle α est plus grand que φ (fig. 31), la réaction ne peut pas se placer perpendiculairement à l'axe des cônes, puisque sa position limite fait l'angle φ avec la normale du cône. La composante axiale de la réaction ne peut pas être nulle et cette composante détermine le mouvement relatif spontané des deux cônes qui détruit les déformations élastiques et par suite l'adhérence. *Il n'y a pas adhérence.*

Pour qu'il se produise des efforts élastiques, il n'est pas besoin d'une déformation importante, ni même mesurable avec les instruments courants.

La réaction du mur sur lequel on appuie le doigt résulte de déformations élastiques. Toutefois, lorsque plusieurs déformations se produisent en même temps, il y a lieu de considérer leur importance relative. Dans bien des cas d'embrayages construits de façon rigide, la déformation de la garniture sera supérieure aux déformations du métal et les masquera. Il pourra en être autrement dans certains cas de construction légère.

Calcul de l'adhérence.

Ceci posé, nous allons calculer l'adhérence, c'est-à-dire l'effort nécessaire pour séparer deux cônes de demi-angle au sommet $\alpha < \varphi$ et qu'on a emboîtés avec une force F.

Nous supposerons que les déformations secondaires n'interviennent pas dans le cas où nous nous plaçons.

Nous considérerons deux cas :

- Le premier, le plus simple et le moins courant, celui où l'engagement et le dégagement s'opèrent sans torsion.
- Le deuxième, le plus courant, celui où l'engagement se termine par un mouvement de rotation sans translation et où le dégagement s'opère par une combinaison des deux mouvements.

Le premier se traite entièrement dans un plan méridien des cônes.

1. - Premier cas. — **Engagement et dégagement sans torsion** (fig. 32).

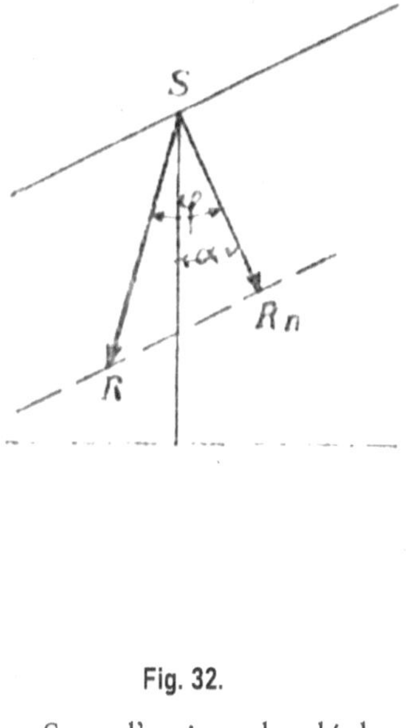

Fig. 32.

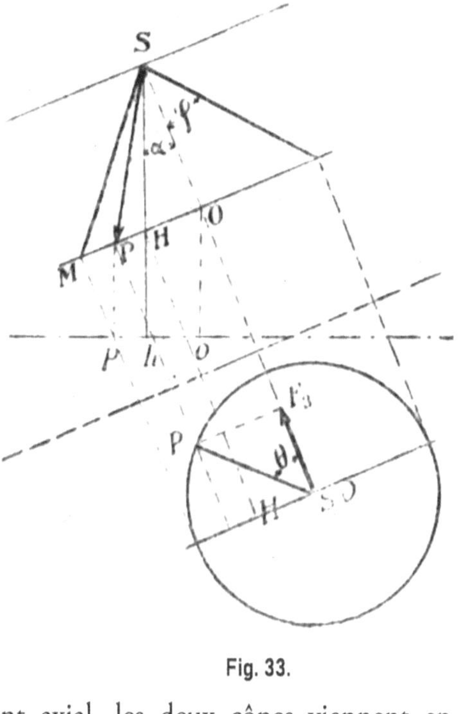

Fig. 33.

Sous l'action du déplacement axial, les deux cônes viennent en contact. Le mouvement ne s'arrête pas là et se continue par déformation des deux cônes. Cette déformation développe des efforts élastiques de résistance qui engendrent la composante normale de la réaction, les efforts de frottement dirigeant cette réaction à l'angle φ avec la normale à la surface du cône.

Le mouvement s'arrête lorsque la composante axiale de la réaction devient égale à la poussée axiale maximum qu'on peut exercer.

Supprimons cette poussée axiale, l'angle α étant plus petit que l'angle φ de frottement, il n'y a pas de mouvement relatif des deux cônes, les déformations élastiques subsistent, ainsi que la valeur R_n de la réaction normale. Comme il ne doit rester aucune réaction axiale, la réaction quitte sa position à l'angle φ avec la normale au cône pour devenir perpendiculaire à l'axe de ce cône, sa pointe se déplaçant sur une ligne parallèle à la génératrice du cône.

Si notre hypothèse est exacte, nous aurons pour valeur de la réaction à la fin du mouvement :

$$F_1 \;/\; \sin(\varphi' + a)$$

et pour valeur de la réaction normale R_n :

$$R_n = F_1 \cos\varphi \;/\; \sin(\varphi' + a)$$

Dans ces expressions, φ' exprime l'angle de frottement cinétique.

Lorsque nous voudrons dégager les deux cônes, nous exercerons un effort F_2. Cet effort ne modifiera la position relative des cônes que lorsque l'adhérence aura cessé. Les déformations élastiques ne changeront pas l'application d'un nouvel effort, la réaction changera simplement d'inclinaison vers le sommet commun des deux cônes, l'extrémité de ce vecteur continuant à suivre une parallèle à la génératrice, ou jusqu'à ce que ce vecteur fasse l'angle φ de frottement statique avec la normale au cône.

La réaction aura de nouveau pour valeur :

$$R_n / \cos\varphi = F_1 \cos\varphi' / (\sin(\varphi' + a) \cos\varphi)$$

et sa projection sur l'axe sera :

$$F2 = F_1 \cos\varphi' / \; (\sin(\varphi' + a) \cos\varphi') \sin(\varphi - \alpha)$$

φ étant la valeur statique du coefficient de frottement. On voit que si $\varphi = \alpha$, l'adhérence F_2 est nulle, quelle que soit la valeur de F.

2. - Deuxième cas. **Engagement par torsion.** — Dans la pratique, un embrayage se fixe après un mouvement de rotation sans translation, la prise se faisant quelques secondes ou fractions de seconde après que l'embrayage a été engagé à fond.

Nous conserverons la même hypothèse que précédemment, c'est-à-dire que l'action des poussées axiales sur le cône mâle ne le fait ni s'épanouir ni se restreindre.

Dans ces conditions, la réaction se déplacera à l'intérieur d'un cône géométrique ayant pour sommet le point S considéré, comme axe la normale au cône en ce point et pour demi-angle au sommet l'angle φ de frottement cinétique au moment où le mouvement cesse et l'angle φ statique au moment où il recommence.

La projection de la réaction sur la normale au cône est constante et égale à R_n.

Déterminons d'abord la valeur de R_n.

Le couple de torsion n'intervient pas dans la détermination de la réaction axiale du cône, c'est-à-dire qu'on obtient cette réaction axiale en projetant d'abord la réaction réelle sur le plan méridien, puis la réaction méridienne sur l'axe des cônes d'embrayage.

Or, lorsque le mouvement relatif des cônes se termine par un déplacement de rotation sans translation axiale, ce déplacement se produit suivant la tangente perpendiculaire au plan méridien et, par suite, la réaction se projette sur le plan méridien suivant la réaction normale R_n.

Nous aurons donc :

$$F = R_n \sin \alpha$$

ou

$$R_n = F / \sin \alpha$$

Considérons maintenant le dégagement. Si nous voulons l'obtenir par simple translation axiale, nous exercerons un effort F_2 qui fera passer la réaction à la surface du cône d'angle au sommet φ (angle statique), sa projection normale restant R_n.

La valeur de la réaction sera à ce moment :

$$\frac{R_n}{\cos \varphi}$$

$$\frac{F}{\sin \alpha \cos \varphi}$$

Sa projection sur l'axe sera :

$$F_2 = (F / \sin \alpha \ \cos \varphi) \times (\sin (\varphi - \alpha))$$

Dégagement avec torsion (fig. 33). — Lorsqu'on exerce un effort de torsion pour dégager les cônes, cet effort est mesuré par l'effort tangentiel considéré comme appliqué en point S et de valeur F3.

La réaction, au moment où le glissement recommence, vient se placer en un certain point du cône droit, de demi-angle au sommet φ et de hauteur R*n*. Elle se projette sur le plan méridien suivant un vecteur SP.

La composante axiale F_2 de la réaction sera égale à la projection sur l'axe du vecteur HP, c'est-à-dire :

$$\overline{hp} = \overline{OP} \cos\alpha = R_n \operatorname{tg}\alpha$$

or : $$\overline{OP}^2 = \overline{OM}^2 - F_3^2$$

ou : $$\overline{OP} = \sqrt{(R_n \operatorname{tg}\varphi)^2 - F_3^2}$$

et $$F_2 = \sqrt{(R_n \operatorname{tg}\varphi)^2 - F_3^2}\cos\varphi - R_n \operatorname{tg}\alpha$$

En remplaçant R_n par sa valeur $\frac{F}{\sin\alpha}$ trouvée plus haut, il vient :

$$F_2 = \sqrt{\left(\frac{F \operatorname{tg}\varphi^2}{\sin\alpha}\right) - F_3^2}\cos\alpha - \frac{F}{\cos\alpha}$$

On peut toujours trouver une valeur de F_3 effort tangentiel qui annule F_2 et détruise l'adhérence sans qu'il soit besoin de faire agir un effort axial.

Déformations.

Nous avons supposé pour établir ces formules que la poussée axiale ne déterminait ni expansion ni restreinte du cône mâle.

Or les cônes, si l'on n'y prend garde, sont capables de déformations que nous classerons en trois grandes catégories: a) déformations statiques méridiennes; b) déformations statiques par torsion ; c) déformations momentanées par chocs.

Nous allons montrer que toutes ces déformations sont capables d'aggraver éventuellement l'effet de coincement, dans le cas où celui-ci peut se produire, mais qu'elles sont impuissantes à le faire naître si l'angle d'ouverture est suffisant.

a. Déformations statiques méridiennes.

Un mécanisme de poussée le long de l'axe peut tendre à ouvrir davantage un cône, à la manière d'un parapluie, ou au contraire à le refermer.

En général, une poussée dont les points d'application sont localisés surtout au voisinage de l'axe, tend à fermer le cône mâle et à ouvrir le cône femelle. Inversement, une poussée localisée vers la périphérie, tend à ouvrir le cône mâle et à fermer le cône femelle.

On évitera de telles déformations en prenant soin d'éviter ces mauvaises répartitions des poussées. Si cependant elles se produisent, elles pourront éventuellement aggraver l'effet de coincement, mais à condition toutefois que celui-ci puisse se produire, c'est-à-dire que l'ouverture d'angle satisfasse à la condition que nous avons indiquée.

b. Déformations statiques de torsion.

Toute pièce mécanique qui subit un effort de torsion diminue de diamètre et augmente de longueur. Sous l'effet d'un même couple de torsion, ces rétrécissements et allongements relatifs peuvent n'être pas proportionnels pour des pièces différentes, mais varier suivant que ces pièces sont de construction plus ou moins rigide ou que le module de torsion de la matière dont elles sont constituées est plus ou moins grand.

Les deux cônes sont soumis ensemble aux mêmes couples de torsion. S'ils y étaient aussi sensibles l'un que l'autre, on pourrait donc passer la question sous silence.

Mais en général ce ne sera pas le cas, et l'un des cônes, par exemple le cône mâle, sera plus déformable. Il arrivera alors que sous l'effet d'un couple de torsion élevé, c'est-à-dire le moteur développant une forte puissance, le cône mâle, actionné en même temps par la poussée axiale, pénètrera plus avant dans le cône femelle, à la manière d'une vrille, et pourra par suite se coincer davantage. Si le moteur est mis au ralenti avant le débrayage, le cône mâle se redilatera sur place, et son retrait ultérieur pourra devenir difficile, à la manière d'un bouchon que l'on voudrait retirer droit, après l'avoir enfoncé en vrille.

c. Déformations momentanées par chocs.

Il s'agit des trépidations dans le sens de l'axe qui peuvent, par un effet de martellement, tendre à enfoncer davantage un cône dans l'autre. Il sera utile, à ce point de vue, que le ressort de poussée soit capable d'amortir les secousses et les vibrations du châssis.

Nous conclurons que divers phénomènes accessoires peuvent éventuellement aggraver l'effet de coincement, que par conséquent, si un cône a pénétré dans l'autre de manière exagérée en développant une force unitaire d'appui élevée, son retrait pourra être pénible. Mais ce danger n'existera que si l'angle d'ouverture est insuffisant.

Le coincement peut être aggravé par les phénomènes accessoires ; il ne peut pas naître d'eux.

Embrayages à cônes pour automobiles

Les figures 34 et 35 montrent les détails de construction de l'embrayage à cône direct et de celui à cône inverse placé contre le volant du moteur.

Dans le dessin figure 34, l'arbre du moteur porte un plateau pris dans la masse sur lequel est boulonné le volant V ; cet arbre est prolongé pour recevoir la butée à billes qui équilibre la poussée du ressort d'embrayage dont la tension se règle en ajoutant au besoin des rondelles d'épaisseur voulue derrière l'écrou d'arrêt E.

On emploie aussi les dispositifs figure 17 : montage avec butée à billes contre le volant, ou celui figure 24 comportant 3 ressorts extérieurs, dont la tension est facilement réglable. Le mécanisme figure 34 est le plus généralement adopté.

Le cône inverse figure 35 a une partie femelle boulonnée contre la jante du volant du moteur ; le ressort d'embrayage, intérieur au cône mâle, porte contre une butée à billes et la fourchette d'embrayage appuie sur une deuxième butée à billes. Ces détails de construction sont susceptibles de nombreuses variantes ; c'est ainsi que le diamètre du cône d'embrayage est quelquefois moindre que celui de l'intérieur de la jante du volant ; on rapporte, en ce cas, une cuvette en acier coulé dans l'intérieur du volant pour recevoir le cône, direct.

Embrayage frein Chenard et Walcker.

Feus mes regrettés amis Chenard et Walcker ont inventé et appliqué sur leurs voitures automobiles l'ingénieux dispositif, représenté figure 36, réalisant, avec une seule pédale de manœuvre :

1. - L'*embrayage* du disque *d* avec le volant moteur *e* ;
2. - Le *débrayage* par séparation du disque *d* de la cuvette fixée au volant.
3. - Un *frein très énergique* par friction du cône inverse du disque *d* sur une cuvette *c* fixée aux longerons du châssis.

La simplicité et la commodité de manœuvre de cet ensemble étaient remarquables.

Embrayages à cônes

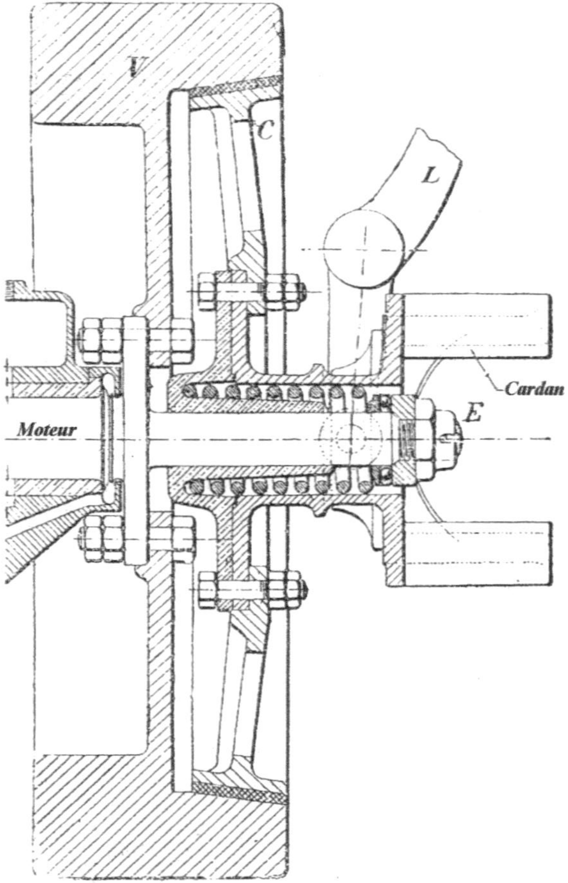

Fig. 34- Embrayage à cône direct.

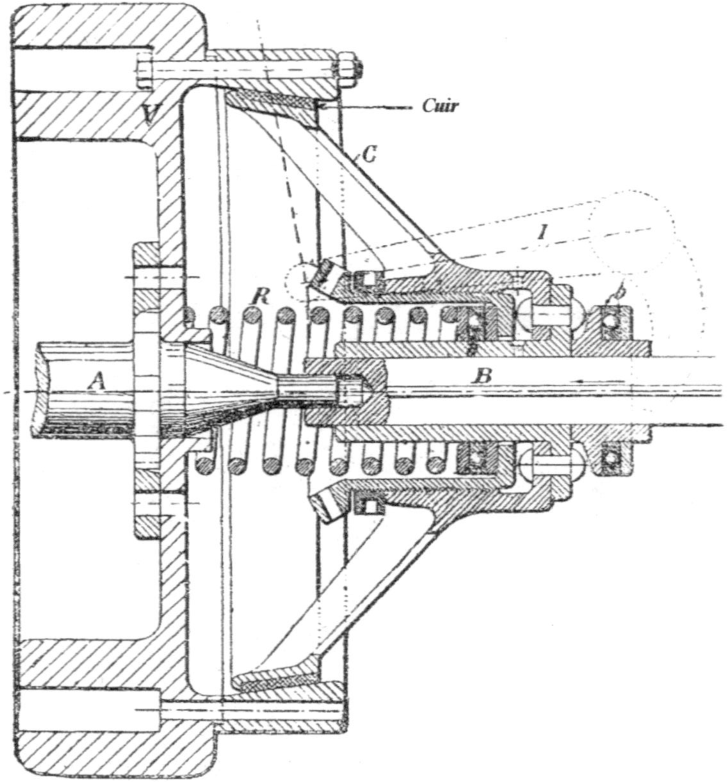

Fig. 35 – Embrayage à cône inverse.

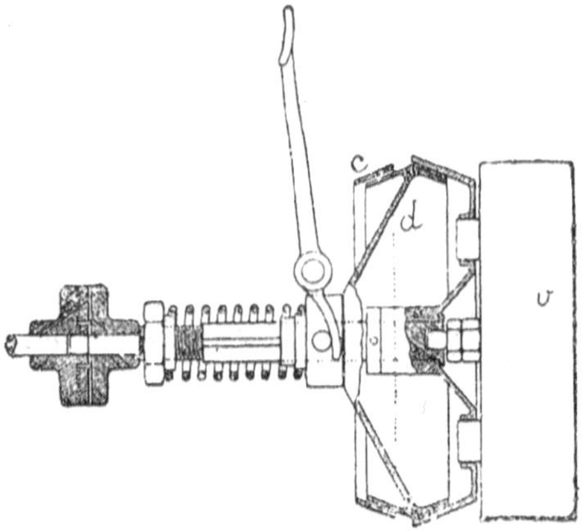

Fig. 36.– Embrayage de Chenard et Walcker.

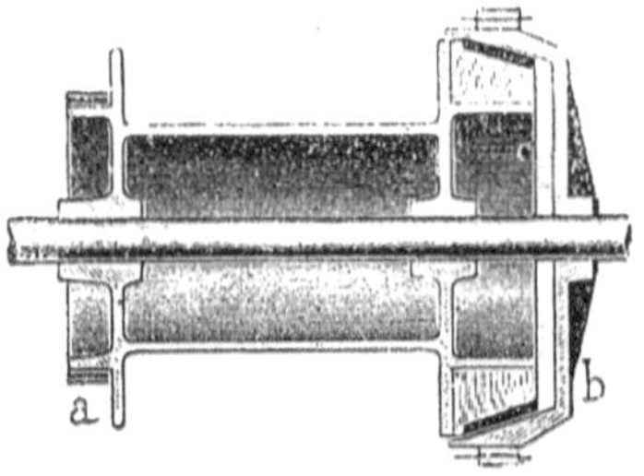

Fig. 36 bis.– Tambour de treuil avec embrayage et freins.

Embrayage à cône élastique de J. Julien.

Cet appareil est constitué par une cuvette tronconique *c*, calée sur l'arbre moteur 1 ; l'angle au sommet du cône est très petit, 4 degrés environ.

Le cône mâle a la forme d'une calotte dont les parois minces sont fendues selon les directrices, comme on le voit en *f* sur la vue de face à droite de la figure 37 ; il en résulte que ce cône mâle est *élastique* et qu'il

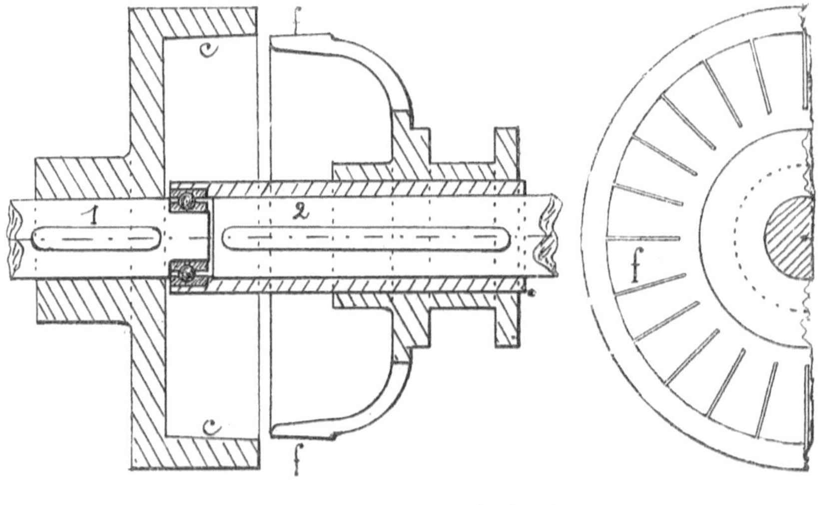

Fig. 37.– Embrayage J. Julien à cône élastique.

embraye *sans aucun coincement* dans le cône femelle, malgré la très faible inclinaison des surfaces de friction.

On fait le cône femelle en fonte et le cône élastique en acier : la friction acier sur fonte donne un embrayage très progressif, sans bruit et qui tient embrayé, *sans aucune réaction ni poussée* sur les arbres accouplés, à cause de la faible pente des parties coniques. En forçant plus ou moins sur la fourchette de manœuvre, on peut faire varier la valeur de la puissance d'entraînement de cet ingénieux appareil.

Le constructeur garnit aussi les surfaces de contact du cône *f* avec les substances usuelles de friction, ce qui donne un coefficient de frottement plus élevé que celui fonte sur acier. Il existait déjà des embrayages à cônes fendus selon leurs génératrices, mais la qualité de celui inventé et breveté par M. Julien réside dans la forme courbe de ces parties fendues,qui leur donne une réelle élasticité. Cet embrayage est employé avec succès sur les automobiles aussi bien que dans l'industrie.

Embrayage Hartmann

(*Société des Engins graisseurs, à Paris.*)

Cet embrayage à double friction par cônes, figure 38, se compose des deux cloches 1 et 2, l'une clavetée sur l'un des arbres, l'autre réglable sur la première par un pas de vis et blocable par des vis 12.

À l'intérieur de ces cloches sont disposés 2 anneaux coniques en fonte 4 et 4', montés sur l'entraîneur 3 calé sur le second arbre. L'embrayage est produit par la pression des anneaux contre les parois internes coniques du manchon, provoquée par l'action du manchon coulissant 5, des bielles 7, des leviers coudés 9 et des ressorts de connexion 11.

Lorsque le manchon coulissant 5 est poussé à fond, les axes d'articulation 8, 10 et 10' se trouvent placés sensiblement en ligne droite, ce qui maintient l'appareil automatiquement embrayé, dégageant entièrement le levier de commande.

La manœuvre de débrayage se produit par l'action des mêmes organes, agissant en sens inverse, le manchon 5 étant déplacé vers la droite.

Cet embrayage peut recevoir diverses dispositions pour l'accouplement, soit de deux arbres, soit d'un arbre et une poulie, ce qui permet de l'adapter aisément aux différents cas qui peuvent se présenter dans la pratique.

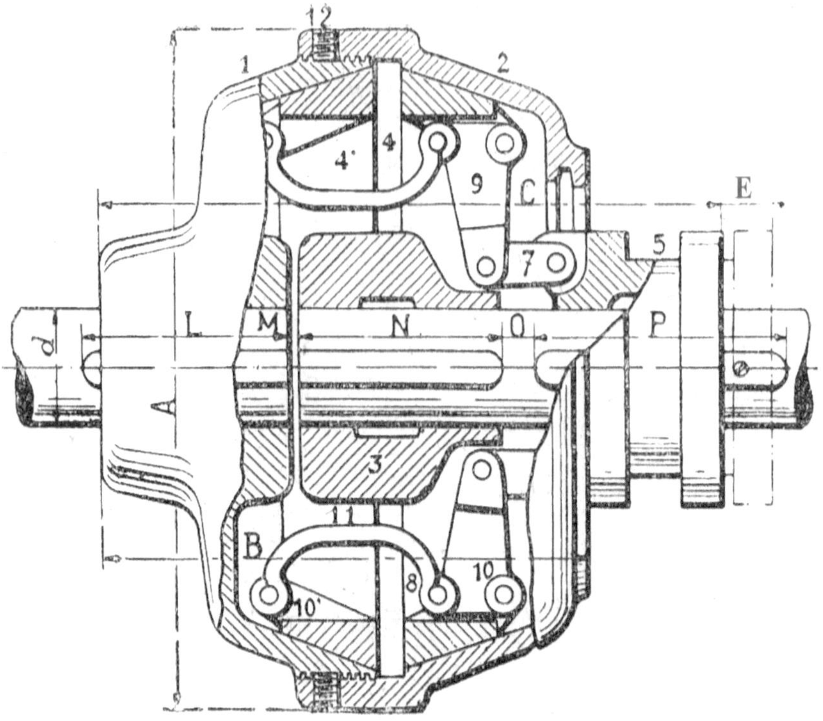

Fig. 38. — Embrayage Hartmann.
1-2. Manchon d'embrayage. — 3. Entraîneur. — 4-4' Anneaux d'entraînement. — 5. Manchon coulissant. — 7. Bielle de commande. — 9. Levier coudé. — 10. Axe d'articulation du levier. — 11. Ressort de liaison. — 8-10'. Axes d'articulation du ressort. — 12. Vis de blocage.

Nº de l'appareil	ALÉSAGE		Puissanc. en chevaux à 100 tours p. minute	*A* m/m	*B* m/m	*C* m/m	*E* m/m	*L* m/m	*M* m/m	*N* m/m	*O* m/m	*P* m/m
	normal	maxim.										
3	30	35	1,3	165	94	130	16	45	2	45	5	62
4	40	55	4	245	163	210	32	76	2	76	5	97
5	50	65	10	315	209	264	38	93	2	93	17	115
6	60	80	18	370	240	315	45	110	2	110	12	151
7	70	90	31	420	289	370	50	132	3	132	10	170
8	80	100	48	475	321	400	60	143	3	143	13	187
9	90	115	70	525	372	455	65	166	4	166	17	200
10	100	130	100	610	403	500	70	186	5	186	11	220
11	110	140	130	685	455	564	83	201	5	201	30	244
12	120	150	175	765	502	625	85	222	5	222	44	263
13	130	165	225	830	552	690	100	242	5	242	49	290
14	140	185	300	940	612	750	105	262	5	262	69	303

Changement de marche par double cône.

Un double embrayage permet de réaliser simplement un mécanisme de changement de marche et d'arrêt *avec démarrages progressifs*. La figure 39 montre ce dispositif constitué par un double cône agissant à volonté sur deux pignons d'angle engrenés sur un troisième qui reçoit la force transmise dans un sens ou dans l'autre, selon que le double cône est embrayé à droite ou à gauche ; entre les deux il y a débrayage complet.

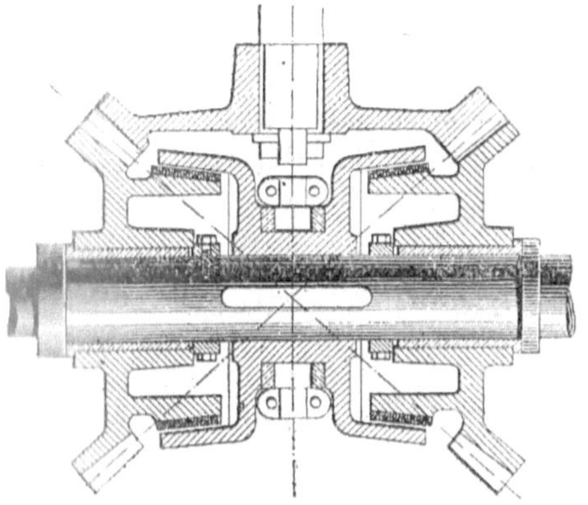

Fig. 39. — Changement de marche.

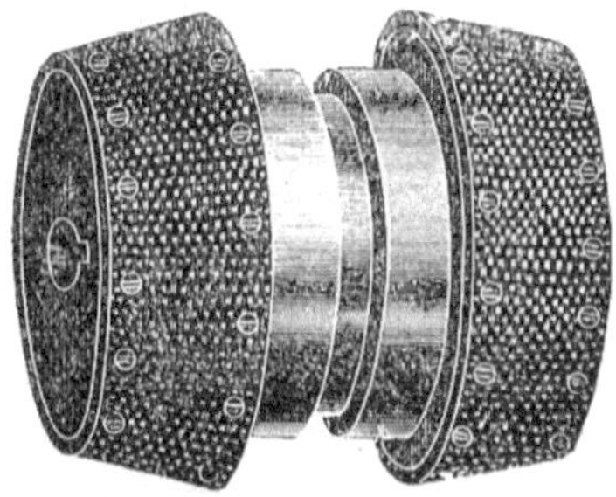

Fig. 40. — Cône double.

La figure 40 montre un double cône qui peut être employé pour embrayer à volonté sur deux poulies, dont l'une reçoit une courroie droite et l'autre une courroie croisée ; ce mécanisme est employé fréquemment et peut être réalisé aussi bien avec des embrayages à mâchoires intérieures. Une de ses fréquentes applications a lieu sur les raboteuses à métaux pour le va-et-vient de la table et dans certains appareils de levage.

- VI -

Embrayages à disques

Leur invention est due à l'Anglais Weston ; Reuleaux la décrit dans son livre *Le Constructeur*. Le manchon Weston comporte une série de *disques menants* entraînés par l'arbre moteur et entre chacun d'eux est placé un *disque mené* solidaire de l'arbre récepteur ; en serrant, par un ressort, ces disques ensemble, on produit l'embrayage ; en annulant, par un procédé quelconque, la pression du ressort, les disques glissent et l'on a le débrayage.

Le manchon Weston a fait l'objet de nombreux brevets de perfectionnement mais, tel que l'a conçu son inventeur, il est encore le plus simple et le meilleur, pourvu que les matières constituant les disques puissent supporter sans inconvénient l'échauffement et le frottement. On les fait en métal sur métal ou, mieux, en acier sur agglomérés d'amiante, (Weston les faisait en fer et en bois.)

Voici les avantages précieux des embrayages à disques :

1. – L'entraînement mutuel des surfaces annulaires par simple frottement, sans coincement ni effet de vis, quelle que soit la pression appliquée.

L'embrayage et le débrayage sont, par suite, *instantanés, silencieux et doux* ;

2. – Travaillant *à sec*, les embrayages à disques gardent le coefficient de frottement le plus élevé que peut donner la garniture considérée. En l'absence de tout lubrifiant devenant visqueux au froid, toute cause d'adhérence est supprimée. La commande est nette et la pression d'appui peut être réglée parfaitement pour effectuer la transmission de toute puissance désirée, avec ou sans glissement ;

3. – La pression exercée sur la pédale peut être faible, car on peut augmenter le nombre des disques et l'effort par les leviers peut être notablement réduit par suite de la faible course du plateau de serrage ;

4. – Les pièces menées, dont l'inertie est une gêne pour le changement de vitesses, sont réduites à un ou plusieurs disques légers en acier, qui n'emmagasinent qu'une faible partie de l'énergie cinétique que prendrait un cône de puissance égale ;

5. – La qualité de l'embrayage à disques dépend de celle de la garniture. Les garnitures en agglomérés de coton ou d'amiante avec des gommes synthétiques telles que le Ferodo, résistent aux températures élevées qui se produisent par suite d'un glissement forcé ; elles sont silencieuses et d'action douce ; elles ne sont nullement abrasives et ont une durée extraordinaire.

On emploie surtout ces embrayages sur les automobiles, à cause de leur douceur de démarrage et de leur faible encombrement et poids.

DIMENSIONS DES DISQUES
POUR EMBRAYAGES D'AUTOMOBILES.

PUISSANCE A TRANSMETTRE en chevaux vapeur	EMBRAYAGE A UN SEUL DISQUE D'ACIER ENTRE DEUX DISQUES DE COMPRIMÉ D'AMIANTE		EMBRAYAGE A TROIS DISQUES D'ACIER ENTRE QUATRE DISQUES DE COMPRIMÉ D'AMIANTE	
	Diamètre extérieur des disques d'acier	Diamètre extérieur des disques d'amiante	Diamètre extérieur des disques d'acier	Diamètre extérieur des disques d'amiante
8	240	235	200	160
10	280	279	220	180
12	290	289	230	190
14	295	294	240	200
16	300	298	250	205
18	305	303	255	210
20	310	308	260	215

Les disques d'acier ont généralement 2 mm et ceux en comprimé d'amiante 5 à 6,5 mm d'épaisseur.

Déformation possible des disques d'acier.

Par le frottement ces disques *s'échauffent inégalement*, le travail ne se faisant que sur les parties voisines de la circonférence ; il s'ensuit une dilatation du pourtour du disque qui souvent se gondole à tel point que la déformation persiste après le refroidissement du métal. Le *sens du laminage* de la tôle influe sur cette déformation, car la structure de cette tôle est différente entre son sens de laminage et le sens perpendiculaire.

Pour éviter ces déformations dues à la dilatation et au travail interne du métal on pratique des fentes dans le pourtour des disques dont on renforce la partie centrale par des disques plus petits rivés et formant moyeu d'entraînement, comme le montre la figure 41

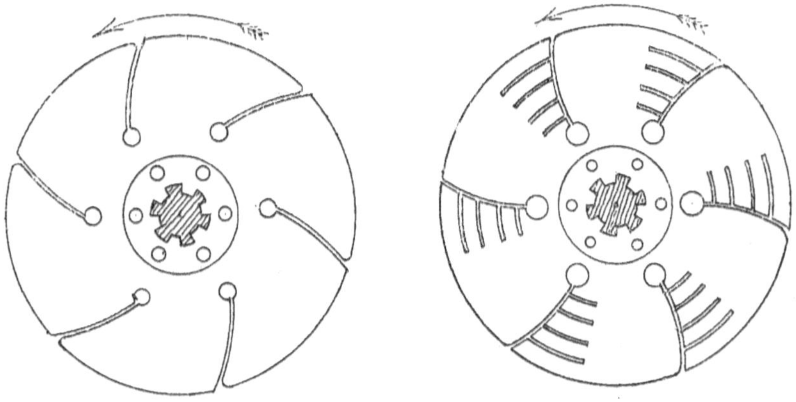

Fig. 41. – Disques fendus.

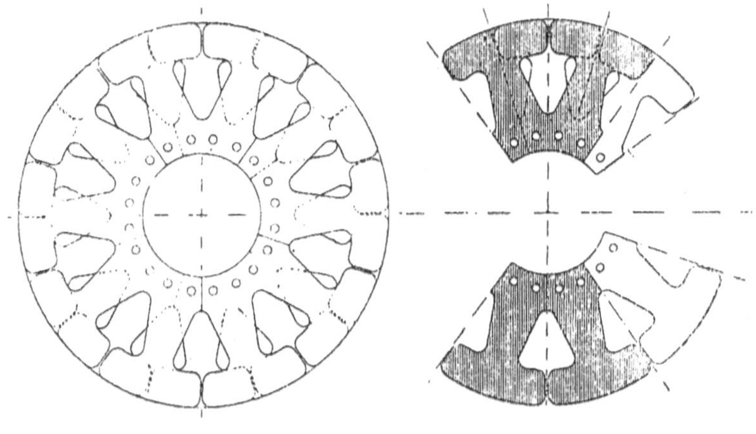

Fig. 42. – Disques composés et chevauchés.

La *Société du Ferodo* construit des disques formés de deux épaisseurs de secteurs découpés dans le sens du laminage de la tôle, séparées par une feuille de laiton d'un dixième de millimètre d'épaisseur. Chaque secteur forme un cinquième du cercle et les joints sont chevauchés, comme le montre la figure 42.

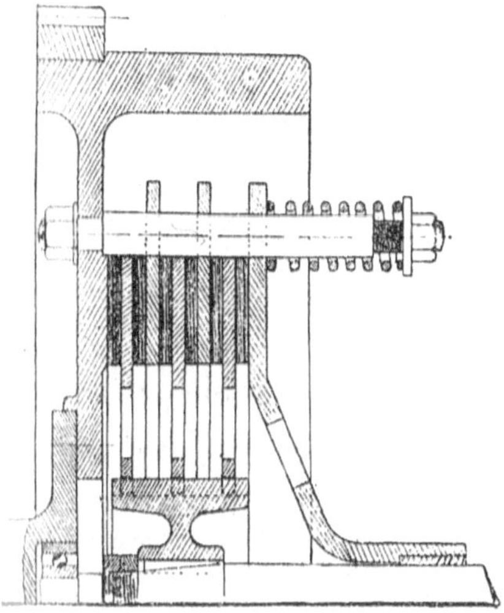

Fig. 43. — Embrayage à disques multiples à garnitures. La poussée axiale est obtenue par plusieurs ressorts disposés sur un cercle autour du plateau de serrage.

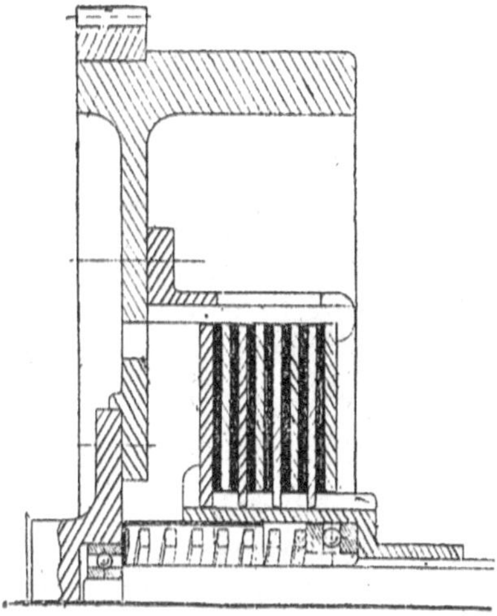

Fig. 44. — Embrayage à disques multiples. Par l'emploi d'un nombre considérable de disques alternativement menant et menés, avec composition de garnitures, de grandes puissances peuvent être transmises avec une faible poussée axiale et des diamètres relativement faibles.

Ces disques composés ne se gondolent pas par la dilatation.

Les figures 43 à 46 montrent les détails de construction de quelques embrayages à disques pour automobiles, de fabrication américaine ; elles nous ont été communiquées par la Société du Ferodo : on remarquera que dans tous ces embrayages les disques sont enfermés dans des carters étanches à l'abri de la boue et de la poussière ; la pression des disques est donnée soit par un seul ressort central, soit par plusieurs ressorts concentriques.

Dans l'appareil figure 46, la friction est faite sur des rondelles de matière spéciale (Ferodo) insérées dans un disque métallique ; cette disposition avait été préconisée, il y a au moins vingt-cinq ans, par MM.

de Dion et Bouton qui avaient construit un embrayage comportant un plateau métallique dans lequel étaient insérées des rondelles de graphite qui donnaient une friction très douce sans risque de grippage.

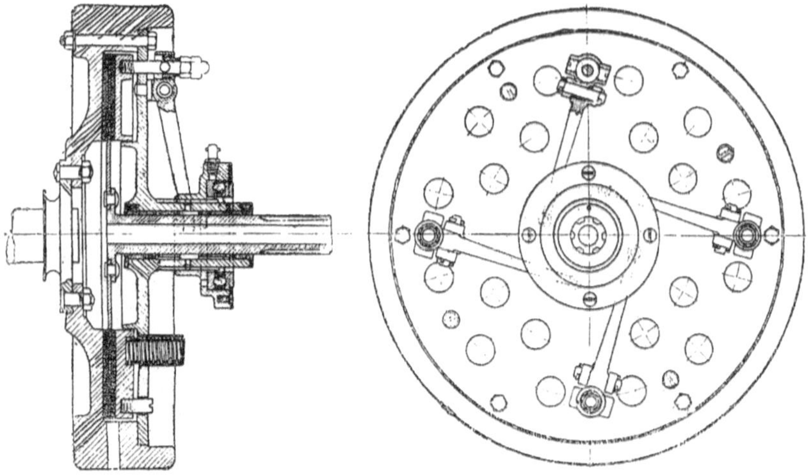

Fig. 45.– Embrayage à disque unique 40 HP. Châssis d'omnibus. Dessiné et construit par la Fifth avenue Coach C° à New-York.

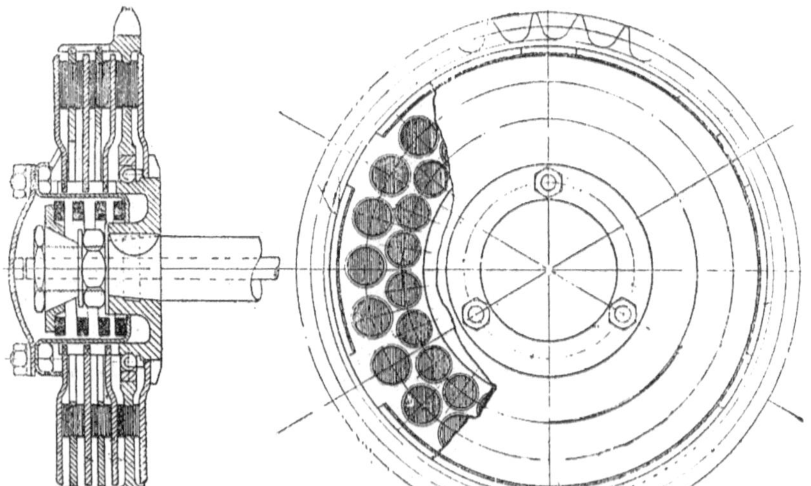

Fig. 46.– Embrayage à disques multiples de la boîte à trois vitesses Sturmey Archer. Les garnitures sont constituées par des plaquettes circulaires insérées.

Embrayages à disques, métal sur métal, travaillant à sec

Certains constructeurs emploient un embrayage constitué de disques alternés d'acier doux et de bronze phosphoreux *lubrifiés au graphite sec.* Nous pouvons affirmer que des résultats bien meilleurs seraient obtenus plus économiquement avec des garnitures de friction.

Il est presque impossible de répartir également la couche de graphite ; il en résulte des grippages et des coincements qui exigent des démontages complets et le remplacement des disques. Ceux-ci se déforment par la chaleur et l'on ne peut pas débrayer de façon nette.

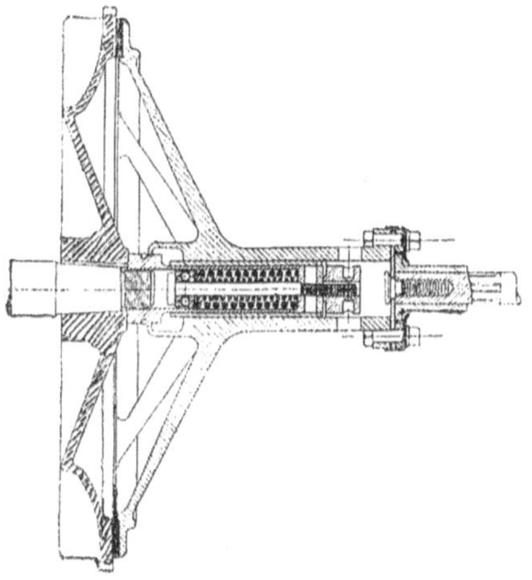

Fig. 47. — Simple friction.

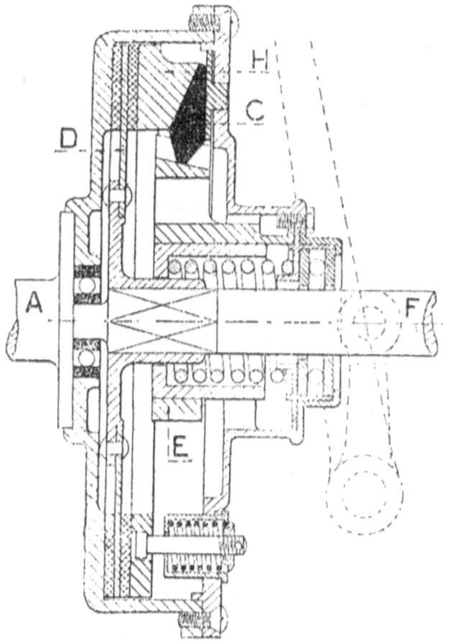

Fig. 47 bis. — Serrage par coins.

Ces ennuis de grippage et d'élévation anormale de température ne se produisent pas avec les garnitures de coton ou d'amiante imprégnées de bakélite ou gomme synthétique.

Embrayages à simple surface de contact.

Cet appareil, représenté figure 47, est évidemment le plus simple de tous ; mais la surface de friction étant peu considérable, il ne convient qu'à des voiturettes légères et il a le défaut de n'être pas protégé de la poussière ni de la boue.

Embrayages à serrage auxiliaire par coins

On a proposé d'augmenter automatiquement la pression des disques par des *coins soumis à la force centrifuge* ; la figure 47 *bis* montre la coupe de l'embrayage C. Michel muni de trois coins en fibre C. qui lui donnent, paraît-il, une grande souplesse d'action. (Voir la revue *L'Industrie automobile et aéronautique* de janvier 1920.)

Calcul et construction des embrayages à disques[1]

En général, pour des pressions comprises entre 0.5 kg et 1,5 kg par centimètre carré, le coefficient de frottement statique est plus élevé que le coefficient de frottement en mouvement. Lorsque le glissement commence à se produire, il y a chute du coefficient de frottement qui se relève ensuite légèrement à mesure que la vitesse relative des surfaces augmente. Inversement, lorsqu'on embraye on a l'impression que la puissance de l'embrayage diminue à mesure que la voiture se met en marche, puis augmente brusquement lorsque le glissement cesse.

D'autre part, un embrayage qui transmet la puissance qui lui est appliquée lorsque la fixité relative des surfaces est réalisée, peut très bien être insuffisant lorsqu'il y a glissement. Il peut, lorsqu'on embraye, ne jamais atteindre cette fixité relative. Dans d'autres appareils « tangents », le glissement peut se prolonger dangereusement avant la prise complète des surfaces.

Inversement, on peut rencontrer des cas particuliers où le coefficient de frottement statique, n'est que de 0,27 alors que le coefficient de frottement en mouvement de la même matière peut atteindre 0,5 dans certaines conditions de pression et de vitesse.

De ces considérations on peut déduire que, pour le calcul d'un embrayage, on doit prendre une valeur du coefficient de frottement sûrement inférieure au minimum mesuré.

NOTE. — Nous donnons ici quelques formules pour le calcul d'un embrayage. Soient :

W. — La puissance en chevaux.

N. — Le nombre de tours par minute.

(1) Ce calcul est un résumé donné par la Société du Ferodo, qui a publié une notice très détaillée et remarquablement technique sur le calcul complet des embrayages à disques et leurs conditions de travail, intitulée *Bulletin n° 7, Considérations sur les Embrayages à disques.*

C. — Le couple exercé sur l'arbre.
r. — Le rayon moyen de frottement.
f. — Le coefficient de frottement.
n. — Le nombre de portées de frottement.
F. — La force de traction à l'extrémité du rayon r.
P. — La poussée axiale.

Nous aurons, pour valeur du couple :

$$C = \frac{W \times 75}{\frac{N \times 2\pi}{60}} = 716 \frac{W}{N}$$

Pour valeur de la force de traction :

$$F = C / r$$

Pour valeur de la poussée axiale :

$$P = \frac{F}{n \times f} = \frac{C}{r \times n \times f} = \frac{716\ W}{N \times r \times n \times f}$$

Nous prendrons comme valeur approximative du rayon moyen la moyenne arithmétique des rayons intérieur et extérieur. Cette approximation est très proche de la vérité si la bande de garniture est relativement étroite.

Si l'on admet que le travail de frottement est également reparti sur la bande, la valeur exacte du rayon moyen est :

$$r = \sqrt{\frac{R_1^2 + R_2^2}{2}}$$

Restent à trouver les dimensions de garniture qui conviennent.

On admet dans la pratique les pressions suivantes(2) :

De	8	à	10	HP.	0,400	à	0,550	kg. par cm^2
	12	à	20	HP.	0,550	à	0,700	—
	20	à	40	HP.	0,700	à	0,850	—
	40	à	60	HP.	0,850	à	1,250	—

(2) Les quelques lignes qui suivent et qui sont transcrites directement de la brochure anglaise correspondent aux habitudes de la construction automobile de ce pays où les moteurs sont à vitesse relativement lente.
Les hauts régimes des moteurs français conduisent rationnellement à l'emploi des disques multiples.

La surface en centimètres carrés sera obtenue en divisant la poussée axiale par la pression choisie. Nous rechercherons, dans la table des dimensions standard, la garniture qui possède cette surface. Nous contrôlerons le rayon moyen et nous arriverons ainsi au résultat par approximations successives.

De même que nous donnons, pour le Ferodo, un coefficient de frottement inférieur à la réalité, de même nous admettons une pression plus faible que celle que la garniture pourrait supporter. Ces deux précautions permettent, d'une part d'éviter les glissements prolongés et limitent, d'autre part, au cas où ces glissements viendraient à se produire, l'élévation de température et le glaçage par carbonisation des surfaces de frottement. Ce glaçage nuit beaucoup au coefficient de frottement.

Une poussée axiale un peu forte assure un embrayage net avec peu de broutement et de vibrations et le conducteur aime à exercer une pression franche. Il ne faut pourtant pas que cette poussée soit exagérée et oblige, soit à un effort trop considérable à la pédale, soit à une course trop grande de celle-ci.

Au-delà d'une certaine valeur, il y a intérêt à multiplier le nombre des disques.

Fixation des garnitures

Quelques constructeurs laissent les garnitures flottantes. On n'en tire aucun avantage pour l'effort d'entraînement et cette pratique n'est pas à recommander, sauf pour les embrayages à disques multiples et à garniture très étroite. En effet, les efforts complexes qui s'exercent sur la garniture, par suite des différences de vitesse, tendant à la déformer et à l'étaler ; il se produit alors des claquements désagréables. Pour combattre cette tendance à la déformation, il faut loger la garniture dans une partie en creux du disque menant.

D'autres constructeurs insèrent la garniture dans des trous du disque menant sous forme de plaquettes rondes ou trapézoïdales. À l'usage, ces plaquettes prennent du jeu dans leur logement et doivent être fréquemment renouvelées.

Nous recommandons comme fixation de la garniture le rivetage sur le volant et sur le plateau de serrage, de préférence au rivetage sur le disque mené.

Toutefois, pour des disques menés minces en acier doux, il peut être intéressant d'y fixer la garniture. Cela augmente leur moment d'inertie, mais comme l'amiante est un isolant, les disques se trouvent protégés contre l'effet de la chaleur. Dans ce cas, le rivetage peut se faire facilement par des rivets de laiton semi-tubulaires ou tubulaires (œillets). Rien ne vaut pour cet usage les rivets d'aluminium à tête conique.

Disques menés

Parmi les autres éléments des embrayages à disques, les disques métalliques menés doivent être l'objet de certaines précautions.

En général, il y a avantage à les faire en acier à haute teneur en carbone et à leur donner une épaisseur suffisante, c'est-à-dire :

3 mm.	jusqu'à	200 mm.	de diamètre extérieur.
4 mm.	de	200 à 270 mm.	—
5 mm.	de	270 à 350 mm.	—
6 mm.	de	350 à 450 mm.	—

Lorsqu'on emploie du métal de moins bonne qualité il faut lui donner une épaisseur de 4 à 8 mm pour les mêmes diamètres.

Quel que soit le métal employé, il faut absolument sectionner les disques par des traits de scie disposés radialement et arrêtés par un trou rond(3). Ces traits sont généralement au nombre de 6 ; le bord de la tôle y est légèrement chanfreiné.

Les disques doivent être maintenus de façon aussi rigide que possible sur une bride centrale. Les boulons de fixation sont répartis sur un cercle d'aussi grand rayon que le permettent les dimensions générales de l'embrayage.

Ces disques sont en effet le siège d'efforts violents et soudains lorsqu'on embraye ou qu'au contraire on lance le moteur par la voiture.

Ressorts et plateaux de serrage

On rencontre une grande variété de dispositions du plateau de serrage et des ressorts. À notre avis, la meilleure comporte autant de ressorts qu'on peut en placer sur le cercle moyen de la garniture.

Le plateau est traité de façon très robuste, de manière à se déformer le moins possible sous l'action combinée du couple et de la chaleur.

(3) Voir figure 41.

Bien des embrayages sont montés à 6 ressorts ; c'est pour nous leur nombre minimum, sauf pour les petits embrayages des motocycles.

Du moment que le plateau est suffisamment rigide, cette disposition est tout à fait satisfaisante.

Un des meilleurs embrayages que nous connaissions est monté sur une voiture de 23 HP. Il porte 18 ressorts dont chacun est chargé à 25 kg sous compression normale et à 22,5 kg pour un allongement de 3 mm correspondant à la course limite du plateau de serrage.

Sous cette poussée axiale, le coefficient de frottement utilisé de la garniture de « Ferobestos » n'est que de 0,125 ; on voit donc l'importance de la marge adoptée. Malgré la poussée relativement forte, cet embrayage est particulièrement doux et sensible.

Résumé des principes à observer dans la construction d'un embrayage à disques

1. - Simplicité de construction ;
2. - Robustesse des pièces ;
3. - Inertie importante du volant ;
4. - Protection des surfaces frottantes contre le lubrifiant ;
5. - Précautions contre la déformation des disques métalliques ;
6. - Poussée axiale surabondante ;
7. - La pression peut-être choisie entre 0,500 kg et 1 kg par cm^2 ;
8. - La proportion de la largeur de la bande au diamètre extérieur peut être approximativement de $1/7$;
9. - De grands diamètres et des pressions faibles assurent plus de douceur de marche ;
10. - Les garnitures relativement larges n'augmentent pas la douceur de marche ;
11. - Les garnitures flottantes n'augmentent pas le frottement ;
12. - Adopter les dimensions standards (pour les garnitures en matières spéciales).

Entretien des embrayages à disques

Les embrayages à disques demandent peu d'attention puisqu'ils sont établis pour travailler à sec. Aussi n'ont-ils besoin ni de lubrifiant ni d'aucun enduit.

Ils sont généralement à l'abri des poussières et par suite, il suffit, à la révision de la voiture, de démonter l'embrayage, de le nettoyer des poussières qui proviennent de l'usure des garnitures, et de mettre une goutte d'huile aux axes des leviers. La butée à billes demande un graissage un peu plus fréquent.

Si, en service normal, l'embrayage à disques fonctionne sans qu'on s'en occupe, il n'en est pas de même lorsqu'on en abuse. Dans la circulation en ville, on est tenté de s'en servir en le laissant patiner. C'est une pratique dont il ne faut pas abuser.

On détermine ainsi une élévation de température qui peut aller jusqu'au rouge, carboniser les garnitures et déformer les disques de façon permanente.

Certaines compositions moulées patinent lorsque la température s'élève. Rien ne sert alors de passer en première vitesse et de lancer le moteur, il faut au contraire s'écarter à petite allure de la circulation et laisser la voiture arrêtée avec le moteur en marche.

Si de l'huile a atteint les surfaces frottantes, on fait tourner le moteur à vide à grande vitesse, jusqu'à ce qu'on ait la sensation, par des embrayages successifs, que toute l'huile est partie.

Si le lubrifiant ne disparaît pas, il faut démonter l'embrayage et bien le nettoyer à l'essence. Éviter le pétrole pour cet usage.

Après une certaine période de service, les garnitures s'usent et les ressorts détendus n'ont plus la force nécessaire. Le glissement augmente et finalement l'embrayage cesse de fonctionner. Il ne reste plus à ce moment qu'à renouveler les garnitures.

Avant de terminer nous citerons ici, avec la permission de l'auteur, un fragment du *Mémoire sur les Embrayages* que le professeur Hele-Shaw lut devant la Royal Institution en mai 1919 et que voici :

> « Jusqu'à ces toutes dernières années, un champ d'action avait été négligé par les chercheurs, c'est celui des garnitures de friction. Sa richesse a été démontrée par le succès des garnitures de friction Ferodo ».

EXEMPLES DE CALCULS PRATIQUES D'EMBRAYAGES À DISQUES, EXTRAITS DU BULLETIN N° 7 DE LA SOCIÉTÉ DU FERODO

Rappelons que les données de base et les calculs successifs à effectuer sont :

Données.

Le couple moteur en kilogrammètres : Cm
Vitesse de régime en radians par seconde : Ωm
Moment d'inertie moteur : Im
Température limite admissible : $\theta°$
Travail admissible par cm^2 en kg par centimètre carré : U
Rapport de dureté : D = Cm / Cg
Largeur relative de l'anneau de garniture : K
Énergie cinétique limite de l'équipage mené : $Ed = ½\ \Omega m^2\ Id$

Formules établies pour calculer les valeurs suivantes :

Épaisseur des disques : $e = 50\ (U / \theta)$
Couple de glissement : $Cg = Cm / D$
Travail de glissement : $T = (½\ \Omega m^2 \times Im) / (1 - D)$
Poids des disques : $P = (19{,}4 \times T) / \theta$
Moment d'inertie de l'équipage mené : $Id = (Ed) / (½\ \Omega m^2)$
Nombre de disques : $N = P^2 / (23\,800 \times K \times Id \times (U/\theta))$

Le nombre calculé de disques n'étant pas entier, on le ramène à une quantité entière en rectifiant la valeur de Id moment d'inertie de l'équipage mené, qu'on contrôle par le calcul inverse de l'énergie cinétique admissible Ed, puis l'on continue :

Rayon moyen : $\sqrt{(Id \times 9{,}81) / P}$
Diamètre extérieur : $2 = \rho\ (1 + (K / 2))$
Diamètre intérieur : $2 \times \rho\ (1 - (K / 2))$
Aire de l'anneau de garniture : $a = 2\ \pi\ K\ \rho^2$
Poussée axiale : $A = Cg / (2n \times \rho \times f)$
Pression unitaire : $b = A / a$

Premier exemple. — Soit à établir l'embrayage d'un moteur de données suivantes :

Cm = 15 mètres-kilogrammes.
Ωm = 210 radians par seconde (2.000 tours par minute environ).
Im = 0,075.
θ = 150°.
U = 7,5 kilogrammètres par cm^2.
D = $Cm / Cg = 0{,}7$
K = 0,5
Ed = 15 kilogrammètres.

f = 0,3

Nous calculerons :

$$e = (50 \times 7{,}5) / 150 = 2{,}5 \text{ mm}$$

$$Cg = 15 / 0{,}7 = 21{,}5 \text{ mètres-kilogrammes}$$

$$T = (\tfrac{1}{2} (210)^2 \times 0{,}075) / (1 - 0{,}7) = 5.500 \text{ kilogrammètres}$$

$$P = \frac{0{,}0194 \times 5.500}{150} = 0{,}710 \text{ kilogrammes}$$

$$I_d = \frac{15}{\frac{1}{2}(210)^2} = 0{,}000665$$

$$N = \frac{(0{,}710)^2}{23.800 \times 0{,}5 \times 0{,}000665 \times \frac{7{,}5}{150}} = 1{,}28 \text{ disques}$$

Pour revenir à l'unité nous forcerons :

$$I_d = \frac{0{,}000665 \times 1{,}28}{1} = 0{,}00085$$

qui correspond à :

$$E_d = 0{,}00085 \times \frac{1}{2}(210)^2 = 19 \text{ kilogrammètres}$$

Nous avons comme rayon moyen :

$$\frac{0{,}00085 \times 9{,}81}{0{,}710} = 0 \text{ m. } 108$$

Le diamètre extérieur sera :

$$2 \times \left(1 + \frac{0{,}5}{2}\right) \times 0{,}108 = 0{,}270 \text{ mm.}$$

Le diamètre intérieur :

$$2 \times \left(1 - \frac{0{,}5}{2}\right) \times 0{,}108 = 0{,}162 \text{ mm.}$$

La poussée axiale est :

$$A = \frac{21{,}5}{2 \times 0{,}108 \times 0{,}3} = 330 \text{ kg.}$$

La surface $a = 2 \times 3{,}14 \times 0{,}5 \times (10{,}8)^2 = 365$ cm²
La pression : $b = 330 / 365 = 0{,}9$ kg par centimètre carré.

Deuxième exemple :

Données.

$C_m = 20$ mètres-kilogrammes
$\Omega_m = 300$ radians
$I_m = 0{,}100$
$\theta = 150°$
$U = 7{,}5$ kilogrammètres par cm²

$$D = \frac{C_m}{C_g} = 0{,}6$$

$K = 0{,}5$
$E_d = 25$ kilogrammètres

Nous calculerons :

$$e = \frac{50 \times 7{,}5}{150} = 2{,}5 \text{ mm}$$

$$C_g = \frac{20}{0{,}6} = 33{,}3$$

$$T = \frac{\frac{1}{2}(300)^2 \times 0{,}100}{1 - 0{,}6} = 11.250 \text{ kilogrammètres}$$

$$P = \frac{0{,}0194 \times 11.250}{150} = 1.620 \text{ kilogrammes}$$

$$I_d = \frac{25}{\frac{1}{2}(300)^2} = 0{,}00055$$

$$N = \frac{(1{,}620)^2}{23.800 \times 0{,}5 \times 0{,}00055 \times \frac{7{,}5}{150}} = 8{,}5 \text{ disques}$$

Que nous ramenons à 8 disques en prenant :

$$I_d = \frac{0{,}00055 \times 8{,}5}{8} = 0{,}000585$$

Embrayages Desrosiers

Ces appareils construits en France, à Boulogne-sur-Seine, se font à disques alternés, figure 48 avec ressort central ou à disque unique avec trois ressorts périphériques, figure 48 *bis* ; le réglage se fait facilement en resserrant les écrous extérieurs qui réduisent l'espace d'extension des ressorts de pression.

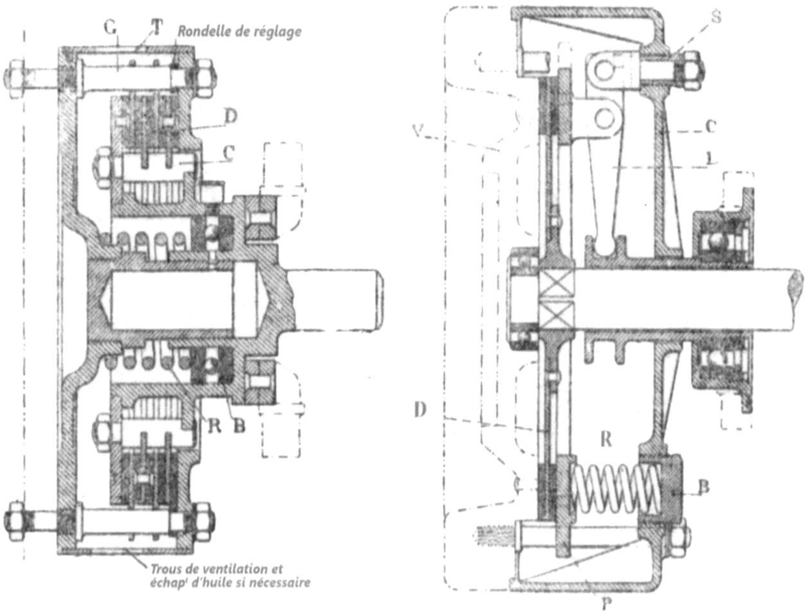

Fig. 48 et 48 bis. — Embrayages Desrosiers, coupes.

Ils fonctionnent à sec, sans aucun graissage et sont enfermés dans des carters étanches, comme un le voit figures 49 et 50. Leurs disques métalliques sont fendus et armés, selon les principes que nous avons exposés plus haut, pour éviter les déformations.

Dans l'embrayage à disque unique, un disque en acier est calé sur l'arbre récepteur et est entraîné par deux couronnes en Ferodo fixées l'une contre le fond du carter d'embrayage et l'autre contre le disque qui reçoit la pression des ressorts.

Dans l'embrayage à disques alternés, les disques menants sont en acier et les disques menés sont flottants en Ferodo.

Ces embrayages se fixent par 6 boulons, contre le volant du moteur.

Fig. 49 et 50. — Embrayages en carters.

Embrayages à rampes hélicoïdales.

EMBRAYAGE-FREIN COLLINS, POUR POULIE.

Caractérisé par l'emploi de vis à pas contraire, qui entraînent les plateaux d'embrayage, cet appareil est intéressant pour les machines-outils, les marteaux-pilons et les appareils de levage ; en voici la description selon la coupe en long, figure 51 :

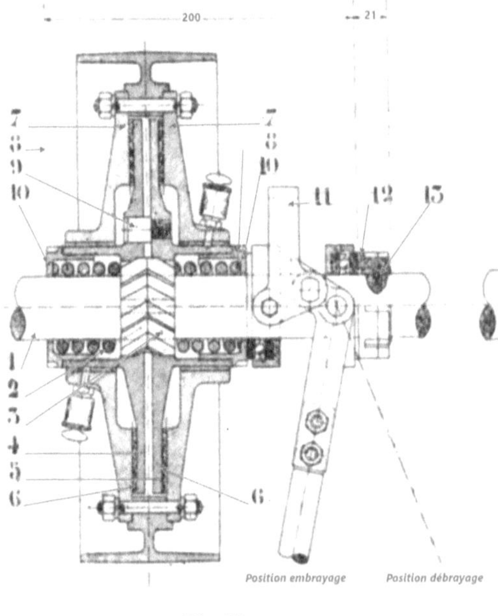

Fig. 51.

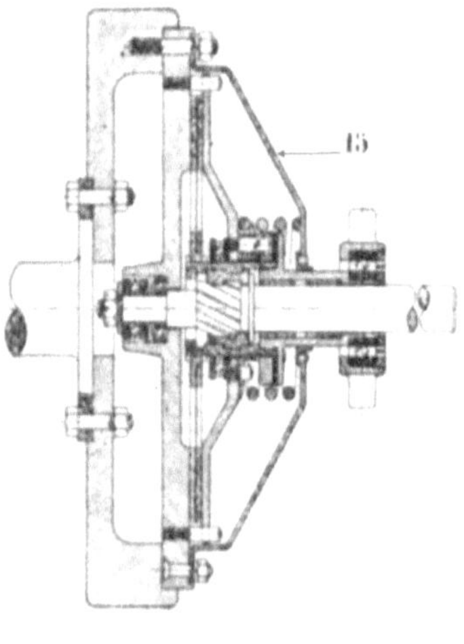

Fig. 52.

Fig. 51 et 52. - Embrayages Collins.

Sur l'arbre 1 sont clavetés deux noyaux 2 et 3, qui sont des vis à pas inverse. Sur les noyaux sont montés deux plateaux 4 et 5, garnis de Ferodo 6. Les plateaux sont poussés contre les deux flasques 7,7 de la poulie par les ressorts 8,8 et sont rendus solidaires par trois goujons 9. Ces plateaux se prolongent par deux manchons 10, 10 dont l'un est poussé, pour le débrayage, par les biellettes 11. Le point d'appui pour le débrayage se fait sur l'écrou réglable 12, vissé sur la bague 13, fixée sur l'arbre.

Lorsqu'on manœuvre le levier pour mettre les axes des biellettes dans la même ligne, le plateau s'avance en faisant une légère rotation sur le noyau. Ce plateau entraîne le deuxième plateau dans le même sens par le moyen des trois goujons et par conséquent les deux plateaux se rapprochent. À ce moment le débrayage est complet.

En débrayant légèrement on obtient un glissement qui, sur un appareil de levage, permet de maintenir immobile une charge suspendue.

Ce résultat est dû au coincement d'un des plateaux sous un léger débrayage. En même temps la vis du noyau pourra agir énergiquement, pour arrêter la chute d'une charge sur un appareil de levage par exemple.

Cet embrayage à noyau hélicoïdal est parfaitement équilibré et n'a aucune réaction sur l'arbre moteur.

Embrayages Collins pour automobiles

Le principe ci-dessus de la vis ou rampe hélicoïdale augmentant le serrage des plateaux de friction a été appliqué dans l'embrayage d'automobile que montre la figure 52. Cet appareil comporte un seul disque d'acier serré entre deux disques garnis de Ferodo ; par l'action de la vis centrale, la rotation de l'arbre commandé fait serrer les plateaux très fortement.

Au débrayage, le plateau extérieur tourne légèrement sur son noyau à vis par suite du tirage de la fourchette reliée à la pédale de manœuvre.

Embrayages à plateaux ondulés Hele-Shaw

Inventé il y a une vingtaine d'années, cet appareil comporte deux séries de rondelles, les unes en acier, les autres en bronze phosphoreux s'emboîtant les unes dans les autres par une gorge profonde en forme de V percée de quelques trous pour la circulation de l'huile. La figure

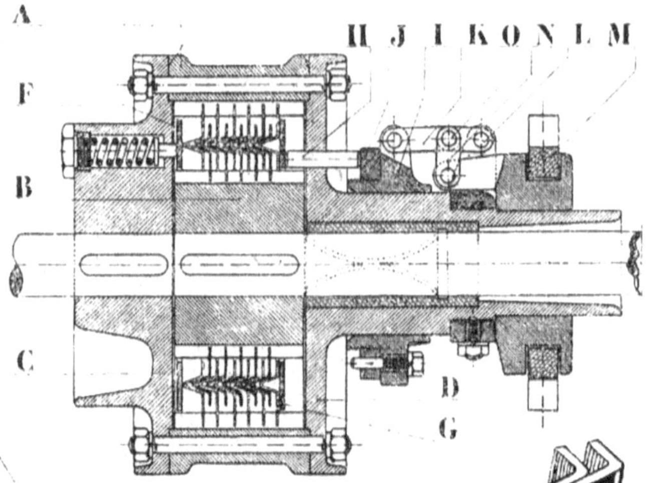

Fig. 53.

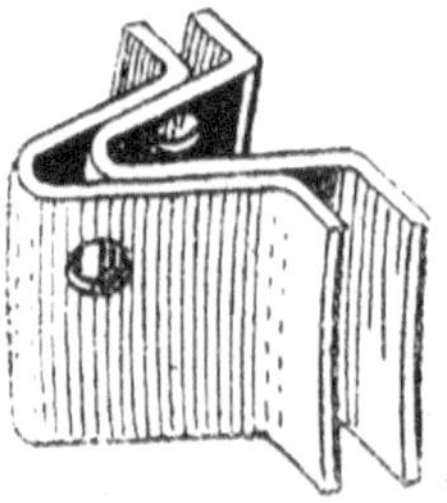

Fig. 54.

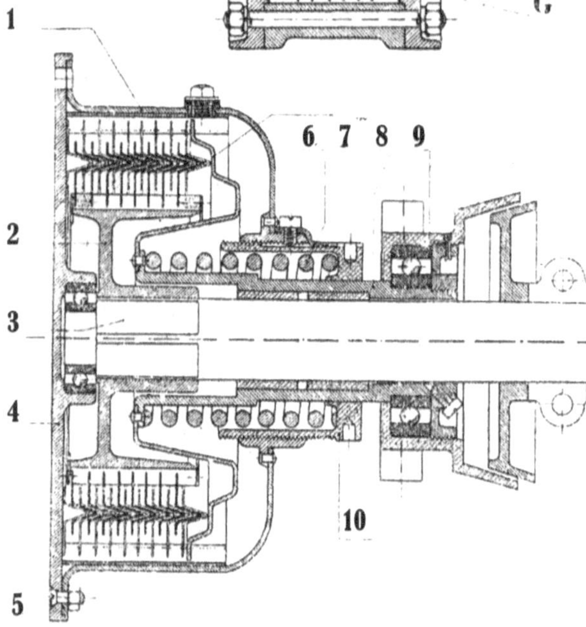

Fig. 55.

Fig. 53 à 55. – Embrayages Hele-Shaw.

55 montre une portion de ces ondulations. Les rondelles de bronze sont menantes, celles en acier entraînent l'arbre commandé ; le tout fonctionne à bain d'huile. La pression des rondelles est donnée par un ressort concentrique à l'arbre conduit.

Dans le type automobile, figure 54, la réaction du ressort est annulée pendant l'embrayage, mais elle est sensible pendant les courts instants de débrayage.

Dans le type industriel, figure 53, la pression est donnée par plusieurs ressorts et elle est supportée aussi bien pendant l'embrayage que pendant le débrayage, par une bague de butée, de façon qu'il n'y ait aucune poussée sur les arbres accouplés.

Voici, du reste, la description complète de cet organe :

La couronne A (fig. 53) porte à l'intérieur des rainures correspondantes à la denture des disques bronze, et le noyau B claveté sur l'arbre, porte des rainures pour les disques en acier. La couronne A est fixée entre les deux flasques C et D.

Dans le cas d'un accouplement, le flasque C est claveté sur l'arbre. Ce flasque C porte trois ressorts contre lesquels s'appuie le plateau F. À travers le flasque D passent les poussoirs H appuyant sur le plateau compresseur G. Sur ces poussoirs agit la pièce I par l'intermédiaire d'un écrou J, lequel pourra être réglé pour augmenter la tension sur les disques. La pièce mobile I est avancée par le moyen des biellettes K dont la plus courte pivote autour de l'axe de la pièce fixe L. Le collier M dans lequel s'engage une fourche est poussé en avant jusqu'à ce que le levier N dépasse l'axe vertical de l'axe O. À ce moment les leviers restent flans la position d'embrayage, sans réaction extérieure.

L'embrayage fonctionne dans les conditions suivantes : en avançant le collier, le plateau compresseur fait rapprocher les disques les uns contre les autres. Il y a d'abord frottement sur les couches d'huile, qui augmente progressivement la vitesse de l'arbre entraîné jusqu'à ce que les surfaces coniques soient en prise. À ce moment, il y a coincement des disques et la puissance est transmise intégralement. Cette opération se fait aussi lentement qu'on le désire, et même par une manœuvre brusque il n'y a pas de choc, l'huile formant toujours matelas entre les disques.

Si l'huile employée est trop épaisse elle fait coller les disques, il faut alors injecter un peu de pétrole dans le carter de l'embrayage.

Embrayage Benn (fig. 56).

Cet appareil agit par deux plateaux de friction à surfaces planes, dans l'intérieur d'une boîte en fonte, dont la largeur peut se régler pour compenser l'usure ; les surfaces des parties mobiles peuvent être garnies de fibre vulcanisée, Ferodo, etc., de façon que l'embrayage fonctionne à sec.

Il se compose des pièces suivantes (voir figure 56 (1. 2, 3) et 57).

- La boîte G calée sur l'un des arbres à accoupler avec le couvercle D, réglable par un pas de vis ;
- L'entraîneur N calé sur l'autre arbre avec les deux traverses d'entraînement ;
- Deux anneaux de friction R et R_1, avec les charnières E ; le manchon d'embrayage H.
- Deux leviers E E en T ayant à l'une de leurs extrémités deux bielles O ; deux ressorts à boudin K ;
- Une bague en cuir L placée dans une rainure circulaire du couvercle D pour empêcher l'écoulement de l'huile qui se trouve dans l'intérieur de la boîte.

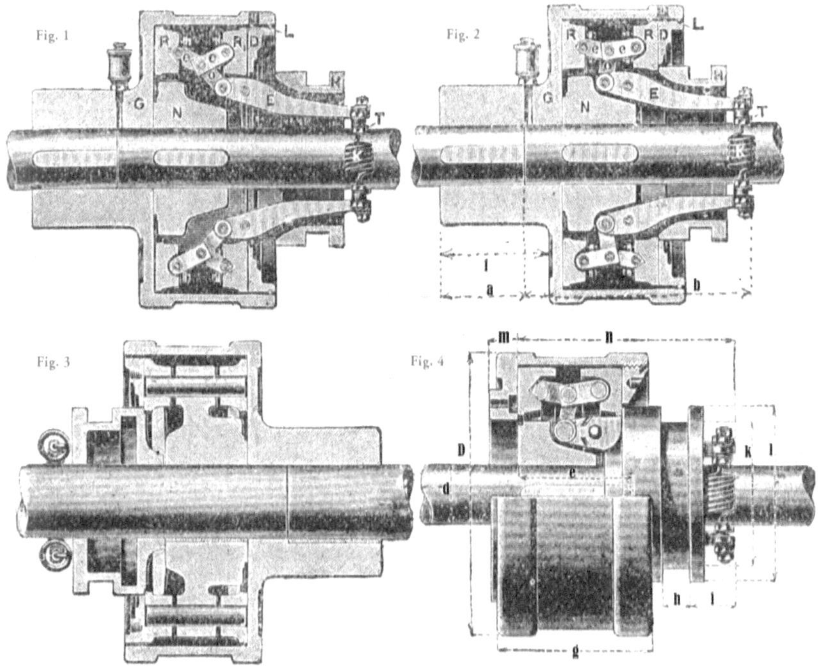

Fig. 56. Fig. 57.

Fig. 56 et 57. - Embrayages Benn.

L'entraîneur N cale sur l'arbre A entraîne, par l'intermédiaire des deux traverses fig. 56 (3), les anneaux de friction R et R_1, fig. 56 (1) qui ne peuvent se déplacer que parallèlement à l'arbre. Sur l'autre arbre B est calée la boîte G fermée par le couvercle réglable D à joint étanche fig. 57 (4).

Dimensions des embrayages Benn
(figures 56 et 57)

FORCE TRANSMISE a 100 tours par minute	DIAMÈTRE maximum d'alésage	BOITE			LONGUEUR		COURSE maxima
		D	g	f	a	b	
Chevaux	m/m	m/m	m/m	m/m	m/m	m/m	m/m
		EMBRAYAGE TYPE D					
2	40	215	135	89	55	220	25
3	60	236	135	122	85	222	25
4	75	257	135	159	110	235	25
6	50	235	130	101	70	220	30
12	50	274	142	85	75	230	33
	65	280	142	140	95	260	33
16	70	330	151	118	100	240	35
22	70	360	180	146	100	270	35
	85	360	180	173	115	315	35
30	80	425	202	130	115	310	40
	100	425	202	201	145	350	40
40	105	510	220	180	150	340	45
	130	510	220	262	185	395	45
80	100	590	283	165	145	405	55
	140	590	283	263	195	455	55
110	120	670	352	290	175	470	65
	150	670	352	298	210	543	65
		EMBRAYAGE TYPE F					
140	155	660	372	235	215	510	65
240	170	780	454	250	235	605	75
325	210	880	490	305	290	640	85
400	250	1000	530	350	345	670	95

L'intérieur de la boîte contient de l'huile dans laquelle plongent les anneaux de friction R et R_1.

Pour embrayer, on pousse le manchon H vers la boîte G au moyen d'un levier de commande. Les leviers E et ressorts K glissent parallèlement à l'arbre, les bielles O cherchant à se mettre perpendiculaires à celui-ci exercent sur les charnières *e e* une pression qui produit le déplacement des couronnes R et R_1, jusqu'à leur rencontre avec les faces planes internes de la boîte et du couvercle. À ce moment les charnières *e e* sont presque en ligne droite et leurs articulations restent immobiles, celles des bielles O et des leviers E oscillent autour de ces dernières en obligeant les extrémités des leviers a se lever et par suite à tendre les ressorts ; il en résulte donc une pression qui augmente progressivement et devient suffisante pour produire l'entraînement de la boîte et la maintenir bloquée contre les rondelles R et R_1, pendant la marche.

POIDS DES EMBRAYAGES BENN.

Numéro	Force (1)	Alésage maximum	Poids	Numéros	Force (1)	Alésage maximum	Poids
02	2	40	20	4 B	30	150	130
01	3	60	25	5 B	44	180	190
00	4	75	27	6 B	65	210	300
0 A	6	50	30	7 B	80	250	400
1	12	50	45	7½	140	155	640
1 A	12	65	52	8	240	170	1025
1 B	12	80	55	9	325	210	1280
2	10	70	70	10	400	250	1550
3	22	70	65	11	550	275	1800
3 A	22	85	100	12	750	275	2200
4	30	80	135	13	1000	300	2550
4 A	30	100	150				
5	40	105	210				
6	80	100	340				
6 A	80	110	300				
7	110	120	535				
7 A	110	150	590				

(1) Force maximum transmise 100 tours par minute en chevaux

Lorsque l'embrayage est à fond de course, les bielles ont légèrement dépassé la normale à l'arbre et appliquent fortement les anneaux mobiles R R_1 contre les parois intérieures de la boîte G, D et ne peuvent pas revenir en arrière. L'appareil est complètement étanche, à l'abri des poussières ; il se construit, pour 2 à 1.000 CV à 100 tours par minute.

Nota. — Les modèles figures 56 (1, 2 et 3) sont pour accouplements d'arbres ; le modèle figure 57 (6) se fixe sur une poulie.

Embrayage « Piat »
à double friction et disque oscillant

La figure 58 montre une coupe transversale et une vue de face de cet embrayage. Le disque A, à double friction et à tranche sphérique, ajusté dans la cuvette B, peut y osciller pour s'appliquer exactement sur les surfaces de pression du plateau C et du contre-plateau coulissant D, solidaires entre eux et de l'arbre E. Les deux logements qu'il porte aux extrémités, d'un même diamètre, reçoivent à frottement doux, les faces rectangulaires des taquets F, articulés dans la cuvette B, calée sur le second arbre E. La liaison des plateaux C et de la cuvette B devient ainsi très flexible ; aucun coincement ne peut se produire, même si les arbres E et E' ne sont pas tout à fait en ligne droite ou si la poulie folle fixée à la cuvette prend une position irrégulière sur l'arbre par suite de l'usure du moyeu.

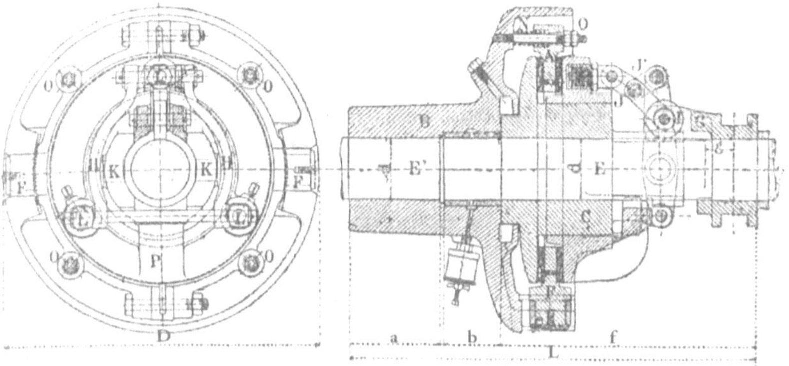

Puissance en CV. à 100 tours.	ALÉSAGE		ENCOMBREMENT					
	Normal. d	Maximum. d	Diamètre. D	Longueur. L	a	b	f	Course g
16	65	85	398	516	115	75	322	34
20	70	95	420	540	120	75	340	38
25	85	105	450	567	130	75	357	40
32	90	115	520	624	140	75	404	48
40	95	125	560	662	160	75	422	52
50	100	140	596	680	165	75	435	55
75	110	150	680	762	165	80	510	60
100	120	165	750	860	180	80	595	125
125	130	170	805	910	200	80	625	125
150	140	180	900	995	200	80	710	120
200	140	185	965	1050	210	110	730	125
250	150	190	1045	1140	244	126	766	164
300	160	200	1120	1235	253	136	840	170
400	170	210	1240	1340	290	145	898	188
600	180	210	1320	1448	292	145	1005	215

Fig. 58.– Embrayage à disque « Piat ».

Pour serrer le disque A entre les deux plateaux G et D, on pousse le manchon coulissant. G, qui agit sur les leviers H, H' par l'intermédiaire de la bielle à galet I, reliée aux jumelles doubles J et J'. En se redressant, elles font osciller les leviers H et H' autour des axes du moyeu prolongé du manchon C ; le plateau D est poussé contre lui et le disque est énergiquement serré entre ces deux pièces. La pression, se faisant aux trois points de poussée L, se répartit également sur toute la surface de D et, par suite, sur le disque oscillant ; par l'action des leviers H et H', cette répartition est automatique. Les axes d'articulation des trois points L sont fixés sur les écrous de réglage du mécanisme de serrage.

Les ressorts N du disque, en réagissant au moment où on débraye, le ramènent contre les vis mobiles d'arrêt O ; le jeu est donc toujours régulier entre les surfaces de friction. Celles-ci sont constituées sur le disque par deux plateaux en fibre fixés par des vis.

Le contre-plateau D tourne avec le plateau C, auquel il est relié par le bras P ajusté dans la rainure du moyeu prolongé C.

Cet embrayage ne donne pas de poussée sur les arbres ; il permet une répartition uniforme de la pression d'entraînement sur les surfaces de friction, même si les axes ne sont pas en ligne droite, à cause de la mobilité du disque oscillant.

Pour augmenter la flexibilité de l'accouplement et satisfaire à une dénivellation importante, on garnit de caoutchouc la couronne du disque et les faces de contact des taquets d'entraînement : cet embrayage à disque oscillant devient ainsi un manchon élastique.

- VII -

Embrayages à segments extensibles et mâchoires intérieures

Ces embrayages sont généralement adoptés pour les emplois industriels, car ils n'occasionnent *aucune poussée latérale* sur les arbres accouplés ni à la position d'embrayage ni à celle de débrayage et l'effort à faire sur la fourchette de manœuvre est toujours faible ; les réactions *perpendiculaires à l'axe* étant *parfaitement équilibrées* on peut donner à la pression des surfaces frottantes une valeur aussi grande que l'on veut, ce qui permet à ces appareils de fonctionner très bien, même dans l'huile ou la graisse.

Sur les voitures automobiles ils sont peu intéressants, car on ne redoute pas la poussée latérale à l'état de débrayage qui est toujours de courte durée ; leur poids, plus élevé que celui des autres systèmes, et leur construction coûteuse les ont fait abandonner pour ces emplois spéciaux. Nous en décrirons cependant un type à titre d'exemple.

Le calcul des embrayages à segment extensible ou à mâchoires intérieures se fait comme celui des freins du même genre ; nous prions donc nos lecteurs de voir ce qui sera dit à ce sujet pour les freins.

Embrayage à segment extensible pour automobiles

Il a été construit de nombreux types d'appareils de cette catégorie, mais ils ne sont plus guère employés maintenant : on les remplace généralement par les embrayages à cônes ou à disques, dont nous avons parlé précédemment.

Les embrayages a segments pour automobiles sont, en somme, des freins à mâchoires intérieures tels que ceux que nous décrirons dans la cinquième partie de ce volume.

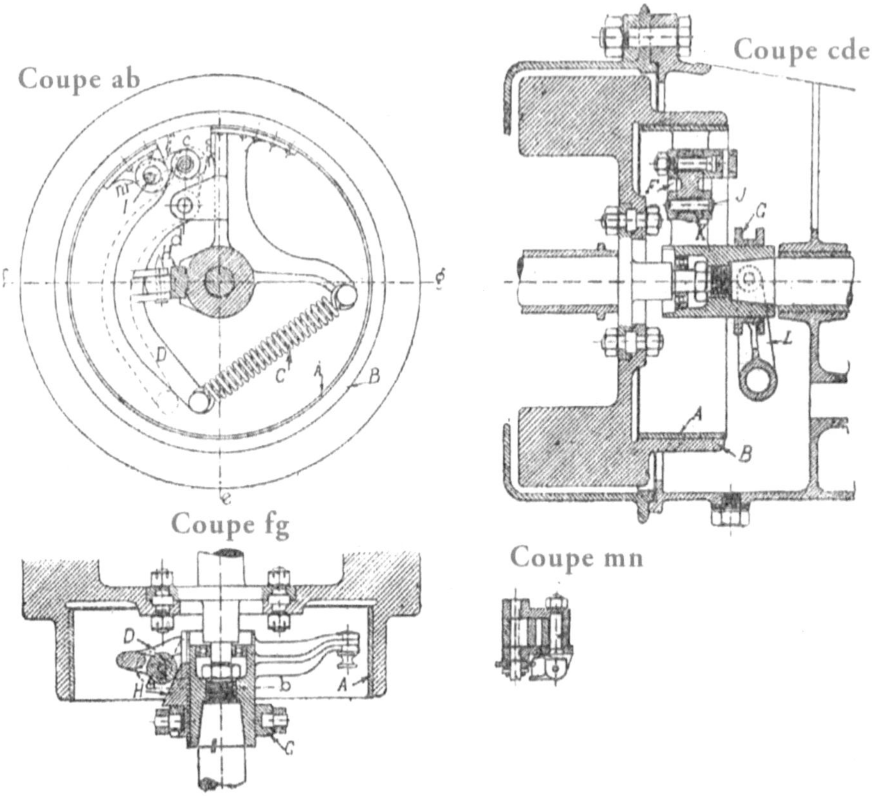

Fig. 59.— Embrayage à segment extensible pour automobiles.

L'appareil représenté par la figure 59 est un type dérivant de l'ancien *frein Mégy*, dans lequel une *lame de ressort cylindrique* A garnie de cuir, ou autre matière, ayant un coefficient de friction élevé, est en contact permanent et exerce une *pression calculée d'avance* contre l'intérieur de la cuvette d'embrayage B. Un *ressort à boudin* C augmente convenablement cette pression par l'intermédiaire d'un levier D sur lequel on agit au moyen d'un coin H et d'un galet pour produire le débrayage.

Ce système d'embrayage n'occasionne aucune poussée sur les arbres accouplés ni à la position d'embrayage ni à celle de débrayage.

Embrayage Julien

Cet embrayage est du système *à segment extensible en acier à ressorts*, garni de plaques en bronze, lequel segment se ferme, par sa tension naturelle, sur le manchon qui le porte et s'ouvre, *pour faire friction*, sous l'action d'un coin en acier trempé qui met en jeu les leviers intérieurs. Ces leviers, montés sur le même axe, portent, entre deux de leurs branches, un ressort constitué par des rondelles Belleville qui, par sa flexion, transmet progressivement au segment l'effort nécessaire au démarrage, de sorte que l'entraînement se fait avec une grande douceur.

Le réglage se fait, selon la pression nécessaire pour l'entraînement, en serrant convenablement la vis qui porte les rondelles Belleville, après avoir desserré le contre-écrou qui bloque cette vis. Le débrayage se fait instantanément et, alors, il n'y a plus de frottement, grâce au jeu de 1 à 2 mm qui existe autour du segment extensible ; donc pas d'échauffement à craindre.

On emploie généralement la garniture en bronze, parce que son usure est presque nulle.

Cet embrayage progressif peut être construit avec ses organes en deux pièces, assemblés par des boulons, permettant de les mettre en place sur les arbres, sans être obligé de sortir ces derniers de leurs supports ou paliers et de les démanchonner. Quand un embrayage doit fonctionner dans un local charge de poussières, il doit être muni d'un plateau de fermeture.

Dimensions des embrayages Julien.

Puissance en HP à 100 t. p. minute.	5	8	10	16	20	23	26
Alésage maximum. . . .	40	50	60	65	70	80	90
Diamètre à la friction . .	225	250	275	325	350	375	400
Largeur de la friction . .	30	35	40	45	50	55	60

Puissance en HP à 100 t. p. minute.	40	50	80	100	125	180	260	400
Alésage maximum. . . .	100	110	120	120	130	140	150	160
Diamètre à la friction . .	470	550	600	650	700	800	900	1100
Largeur de la friction . .	65	70	80	90	100	110	115	120

Quelquefois l'espace disponible pour l'embrayage est très restreint : un dispositif spécial permet alors de le placer à l'intérieur de la poulie, ne laissant en dehors que le manchon à gorge coulissant (fig. 64).

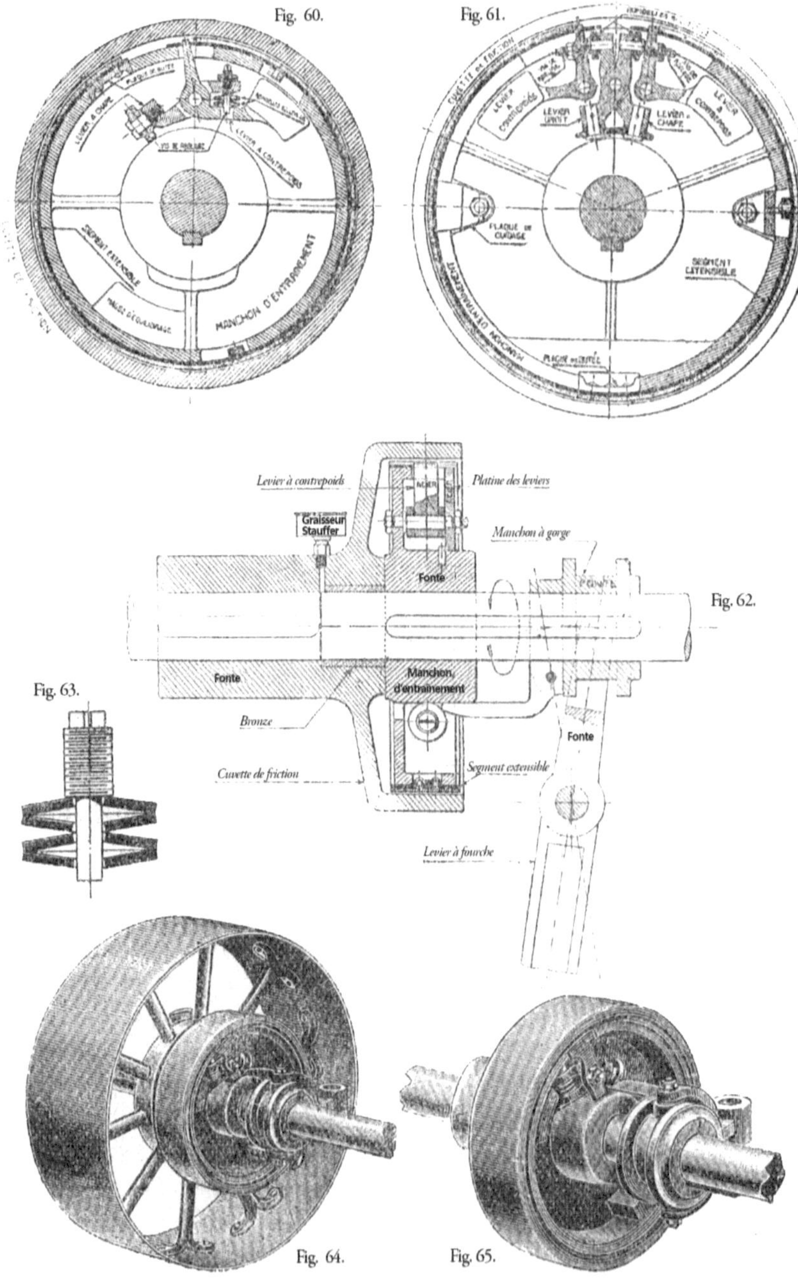

Fig. 60. Fig. 61. Fig. 62. Fig. 63. Fig. 64. Fig. 65.

Fig. 60 à 65. - Embrayages Julien.

Dans l'embrayage Julien, la force centrifuge qui tend à faire ouvrir le segment d'acier est équilibrée exactement, par un contrepoids ; cet appareil peut ainsi tourner à très grandes vitesses, jusqu'à 4.000 tours par minute.

La figure 60 montre l'embrayage *non réversible*, c'est-à-dire ne pouvant tourner que dans un seul sens ; la figure 61 montre un embrayage réversible, pouvant tourner indifféremment dans les deux sens.

Embrayage Pygmée (Piat).

La friction est faite contre les parois de la cuvette A, figure 66, par un anneau généralement en fonte, garni de cuir, fendu à sa partie supérieure et ajusté intérieurement sur le centre C, dont il est rendu solidaire par le

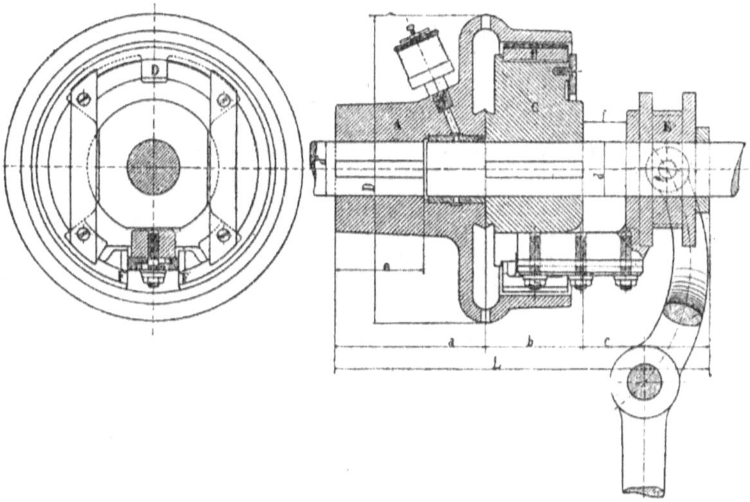

Puissance en CV. à 100 t.	ALÉSAGE normal. d	ALÉSAGE Maximum. d	ENCOMBREMENT Diamètre. D	ENCOMBREMENT Longueur L	a	b	c	e	f
3/4	30	35	160	230	85	58	87	45	28
2	45	55	235	316	130	75	111	70	35
5	55	80	285	378	150	90	138	80	40
8	65	100	340	432	170	110	152	100	50
12	70	120	380	465	185	120	160	110	50
16	75	130	410	515	210	130	175	130	60

Fig. 66.– Embrayage Pygmée (Piat).

taquet d'entraînement D. Le manchon, coulissant de manœuvre E, porte deux plaques d'acier F, F', en forme de plans inclinés qui, en s'enfonçant entre les mentonnets de la fente de l'anneau B, pressent celui-ci contre la paroi de la cuvette A. Le bec du manchon coulissant, sur lequel sont fixées les plaques F, F', passe sans jeu dans une échancrure du centre C opposée à celle du taquet D. L'entraînement a donc lieu par un couple de rotation, et le serrage est progressif. Quand on retire le manchon coulissant E, l'anneau se resserre sur le centre G par sa propre élasticité.

Le réglage est opéré par l'écartement ou le rapprochement des plaques F, F', dont la largeur totale est ainsi augmentée ou diminuée pour donner le serrage nécessaire correspondant à l'effort d'entraînement.

Il n'y a aucune poussée sur les arbres et aucun effort à exercer pour maintenir l'appareil embrayé ou débrayé.

Embrayage à bague extensible de MM. Glaenzer et Perreaud, à Paris.

Dans cet appareil, la friction nécessaire à l'entraînement est obtenue au moyen d'une bague métallique extensible *b*, figure 67, qui s'ouvre par l'action de deux leviers *c c* et d'un coin *a* solidaire de la pièce à gorge

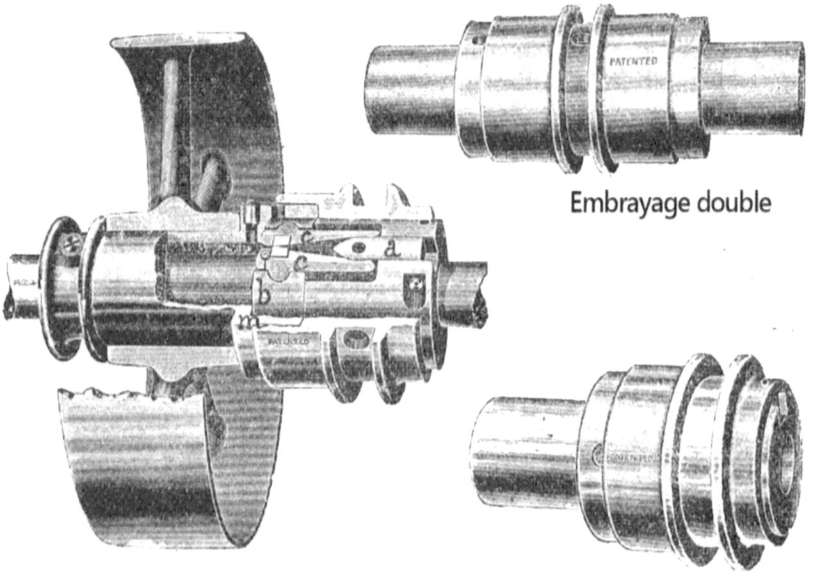

Embrayage double

Embrayage simple embrayé

Embrayage simple

Fig. 67.– Embrayage à bague extensible.

manœuvrée par la fourchette d'embrayage. Une vis permet de régler l'ouverture de la bague *b*, qui est fendue suivant une de ses génératrices, pour que la clavette en forme de coin lui donne une extension convenable.

Cet embrayage se fait simple ou double ; ce dernier, de construction analogue à l'embrayage simple, s'emploie pour commande alternative par courroie droite ou courroie croisée, ou pour commande à des vitesses différentes.

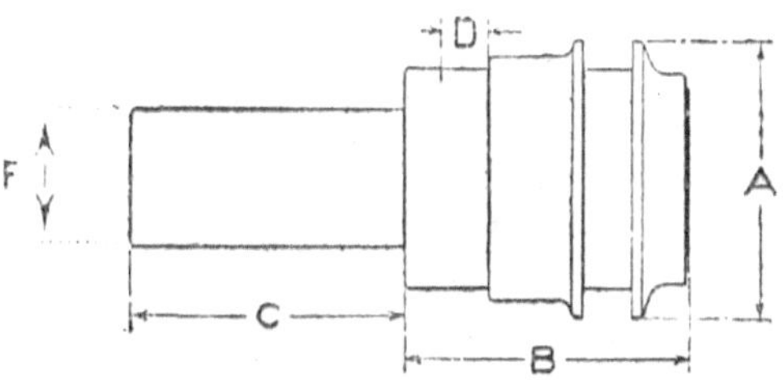

Numéros	NOMBRE de chevaux par 100 tours	DIAMÈTRE de l'alésage de l'embrayage	DIMENSIONS A	B	C	F.
	chevaux	m/m	m/m	m/m	m/m	m/m
2	2	35	105	105	102	55
4	4	40	125	130	140	62
		45	125	130	140	68
5	5	50	135	135	152	74
		55	135	135	152	83
6	6	55	160	155	165	83
		60	160	155	165	87
		65	170	172	215	106
8	8	70	170	172	215	113
		75	170	172	215	113

Fig. 67 bis.— Embrayage à bagues extensibles.

Il est recommandé de baguer solidement les arbres sur lesquels les embrayages sont montés. Toutes les parties frottantes de l'embrayage doivent être graissées régulièrement et abondamment : le manchon fou par le trou disposé à cet effet, la bague d'embrayage et le corps par le trou de la vis de réglage : s'il y a glissement, il suffit de donner à la bague la tension voulue par la vis de réglage. Il n'y a aucune poussée sur les arbres accouplés, les efforts se faisant perpendiculairement à l'axe de rotation.

Embrayage Bonaffous à ruban d'acier.

Cet appareil représenté en perspective, figure 68, et en plan et coupe, figure 71, est composé d'un *ruban d'acier* C, *doublé de cuir* articulé d'un bout à un levier coudé et de l'autre à une masse centrale dite *porte-ruban* S, à la position de débrayage, le ruban d'acier est fermé sur le porte-ruban.

Fig. 68.

Fig. 69.

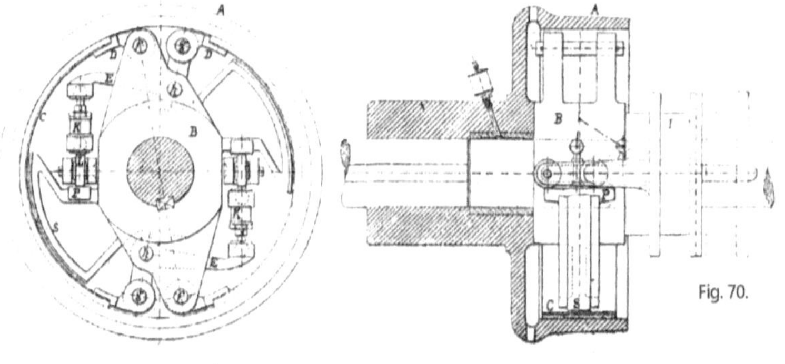

Fig. 70.

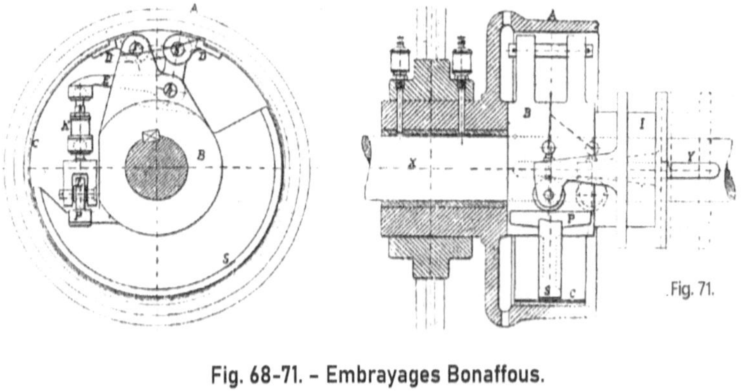

Fig. 71.

Fig. 68-71. - Embrayages Bonaffous.

Pour embrayer, on agit, par une fourchette et un coulisseau à gorge, sur une biellette *k* de longueur réglable, montée sur deux rotules. Le mouvement de la biellette *k* est facilité par un galet L qui roule sur un chemin venu de fonte avec le porte-ruban. La longueur de la biellette est calculée de façon qu'elle ne puisse pas revenir en arrière après qu'on a cessé l'effort sur le manchon coulissant I, de sorte qu'il n'y a aucune poussée sur les arbres dans aucune position de travail de l'appareil.

L'organe principal d'accouplement, le ruban, étant mince et flexible, est soumis à la loi de l'enroulement comme une courroie travaillant sur une poulie.

EMBRAYAGE BONAFFOUS À DEUX SEGMENTS D'ACIER

Représenté figures 69 et 70, cet embrayage se compose d'une cuvette cylindrique A, dans laquelle agissent deux demi-cercles en acier à ressort c, garnis de cuir, actionnés chacun par une biellette de longueur réglable K K montée sur rotules.

Pour embrayer, la coulisse à gorge I pousse les biellettes dans la position verticale, ce qui applique convenablement les deux portions de segments contre la cuvette de friction.

Cet embrayage est très progressif et ne donne lieu à aucune poussée sur les arbres accouplés.

EMBRAYAGE À SEGMENTS (PIAT).

Cet appareil, représenté en coupe longitudinale et vu de face, figure 72, se compose de deux segments ayant chacun une demi-circonférence

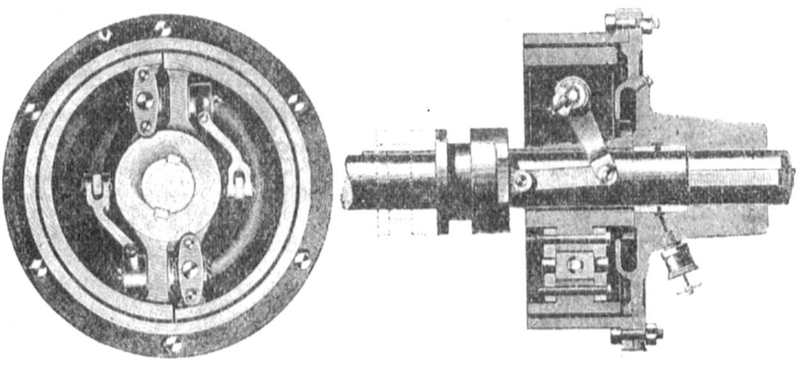

Fig. 72.- Embrayage Piat.

fixés d'une part à un croisillon et actionnés d'autre part par deux vis à filets carrés ; le mouvement de rotation des vis est donné par deux bras de manivelle et deux biellettes articulées à la bague de manœuvre ; chaque manivelle est pourvue d'une vis permettant de régler sa position par, rapport à la vis à filet carré qu'elle commande, ce qui donne le réglage facile de la friction des segments contre la cuvette d'embrayage

On garnit de cuir les deux segments et on règle les vis pour que les manivelles restent sans effort latéral dans la position d'embrayage indiquée à gauche de la figure 72 ; il n'y a ainsi aucune poussée latérale ni à l'embrayage ni au débrayage ; les pièces composant l'appareil sont exactement symétriques et semblables, l'équilibrage est donc forcément bon.

- VIII -

Embrayages divers

Embrayage Hill.

De construction allemande, cet appareil peut transmettre jusqu'à 3 500 CV ; il agit par friction sur la jante d'une poulie de grand diamètre, comme le montre la figure 73.

Fig. 73.- Embrayage Hill.

L'usure des tampons de friction se rattrape par des vis de réglage que l'on voit au bout des bras ; ces surfaces de friction sont garnies de matière ayant un haut coefficient de frottement et non susceptibles de gripper (bois, fibre, Ferodo, etc.), facilement accessibles et remplaçables, ce qui rend intéressant ce dispositif.

Embrayages à spirale.

Inventé par l'Anglais de Lindsay il y a une trentaine d'années, cet appareil emploie une *spirale d'acier* qui s'enroule et serre sur un tambour cylindrique, à la manière d'un frein à corde. Ils ont été essayés jadis sur les automobiles *Mercedes, Rebour, Automotrice*, etc.

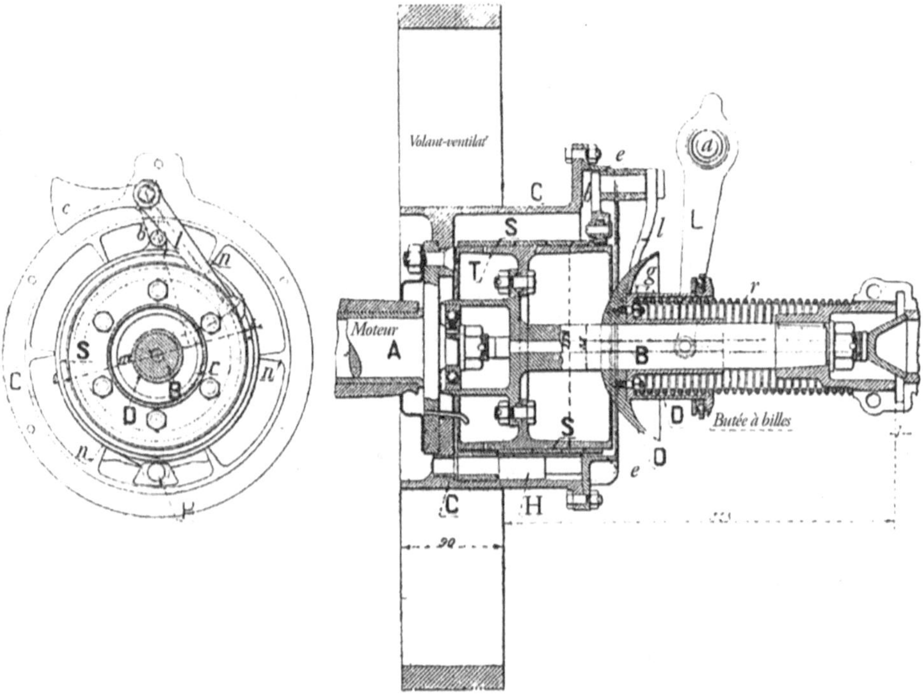

Fig. 74. — Embrayage de Lindsay.

La figure 74 montre les détails de construction de l'embrayage à spirale Rebour (voir Bulletin Technologique des Anciens Élèves des Arts et Métiers, mai 1905, article de M. H. André). La spirale d'acier SS tourne avec le volant du moteur auquel elle est fixée d'une extrémité en H et de l'autre à un levier *b* actionné par un galet et une calotte hémisphérique B, poussée par le ressort d'embrayage.

En appuyant sur la pédale L, on agit sur le levier *b* qui cesse d'assurer le contact de la spirale avec le tambour récepteur T et le débrayage se produit ; quand on abandonne la pédale, le levier *b* appuie l'extrémité de la spirale SS sur le tambour T et l'enroulement progressif détermine l'entraînement de ce tambour.

- IX -

Embrayages électro-magnétiques

Généralités

Les embrayages magnétiques sont employés pour rendre solidaires un organe à commander et un organe moteur an moyen d'un frottement, produit par une attraction magnétique.

Leur manœuvre ne nécessite donc que l'envoi d'un courant continu dans les enroulements de l'embrayage, c'est-à-dire une opération simple et sûre.

L'accouplement de deux embrayages électromagnétiques permet de réaliser un type de renversement de marche bénéficiant de tous les avantages de ce mode d'embrayage, et l'emploi s'en généralise rapidement pour la commande de toutes les machines à marche réversible : treuils d'appareils de levage, de mines, de carrières ; commandes de machines-outils, en particulier de machines à bois, changements de vitesse, réducteurs, etc.

Le renversement de marche magnétique, en raison de la facilité de commande automatique et de réglage des appareils de manœuvre, s'applique spécialement aux machines-outils exigeant de fréquentes inversions du sens de fonctionnement en des points précis de leur course.

Les embrayages magnétiques doivent être employés aux grandes vitesses de préférence aux embrayages mécaniques ; ils sont particulièrement recommandés pour des installations puissantes, dans lesquelles les embrayages mécaniques seraient impraticables. (Treuils de mines par exemple.)

Ils permettent un arrêt rapide des installations pour protéger le personnel ou le matériel en cas de danger. Dans ce cas, un frein à commande électromagnétique doit être employé pour compléter le dispositif de sécurité. Le circuit d'alimentation des bobines peut être interrompu, en cas d'accident, d'un point quelconque de l'installation, au moyen d'interrupteurs en nombre indéfini ; ce dispositif de sécurité est particulièrement avantageux dans le cas d'une transmission unique alimentant tout un atelier, et sur laquelle il serait impossible d'agir à distance, si elle était munie d'un embrayage mécanique. Les renversements de marche magnétiques peuvent être disposés pour pouvoir arrêter rapidement les appareils présentant une grande inertie et limiter ainsi les effets des accidents.

CONSTRUCTION.

On les emploie avantageusement dans les grues munies de moteurs électriques ou à vapeur, afin d'éviter les inconvénients et la fatigue résultant de la trop grande fréquence des arrêts et démarrages.

Les embrayages électromagnétiques ne fonctionnent qu'avec du courant continu. Les bobinages sont établis d'après les voltages à utiliser et des dispositifs spéciaux évitent la détérioration des enroulements et appareils de manœuvre, lors des coupures du courant de commande.

Les frottements sont localisés sur des pièces amovibles et réglables. La self-induction des embrayages magnétiques impose l'emploi d'un appareillage de commande approprié.

Les appareils de petites dimensions sont commandés au moyen d'interrupteurs types « Controllers » munis des résistances de décharge nécessaires. Les appareils plus puissants sont commandés par des controllers réalisant la mise en circuit progressive sur résistances échelonnées, la mise hors circuit sur résistances et la coupure sur résistance d'absorption.

Les plateaux des embrayages électromagnétiques n'occasionnent aucune poussée sur les arbres accouplés qu'ils tendent à rapprocher l'un de l'autre pendant la période d'action.

Quand on ne dispose que du courant alternatif il faut installer un convertisseur pour transformer ce courant en continu. Ainsi qu'on le verra par les tableaux ci-après, un voltage bas est plus économique qu'une tension élevée.

On devra donc transformer l'alternatif en continu 110 volts, par exemple, et avoir des embrayages construits pour cette tension.

Un embrayage magnétique se compose en principe d'un plateau sur fer doux[4], sur lequel sont montés un certain nombre d'électroaimants *aa*, figures 75, calé sur l'arbre moteur 2 et d'un deuxième plateau en fer doux calé sur l'arbre commandé 1.

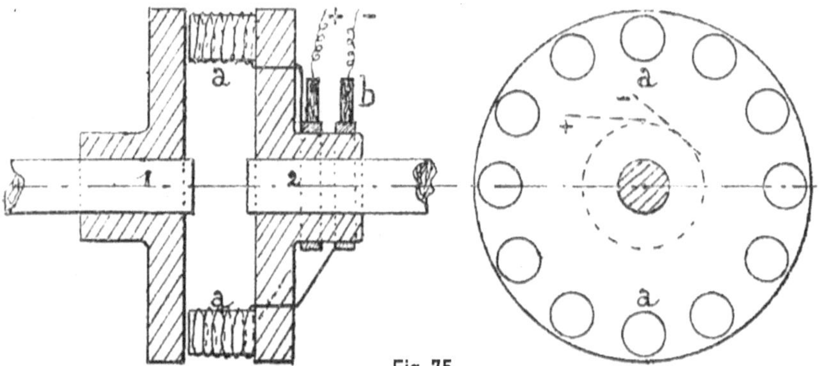

Fig. 75.

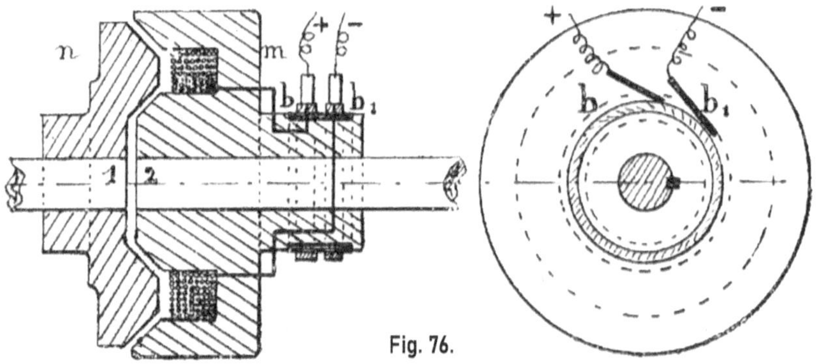

Fig. 76.

Fig. 75 et 76. – Schémas d'embrayages électromagnétiques.

Quand le courant continu est envoyé dans les bobines des électroaimants, le plateau de fer est attiré, entraîné, puis rendu solidaire du plateau qui porte les aimants. Le débrayage est instantané par rupture du courant, qui est fourni à l'appareil par deux balais *b*, frottant sur des

(4) Le fer doux, c'est-à-dire fer pur sans carbone, doit être seul employé pour la fabrication des plateaux d'embrayages magnétiques, afin qu'il perde l'aimantation dès que le courant est coupé. Pour supprimer le magnétisme rémanent qui pourrait subsister dans les plateaux et nuire à l'instantanéité du débrayage, il faut envoyer dans les bobinages un courant de sens inverse au courant qui a servi à l'aimantation.

bagues. Les balais doivent être supportés par une ferrure fixe installée près de l'arbre moteur.

On a fait, au début, des embrayages magnétiques agissant sur des surfaces frottantes obliques, tel est celui de M. de Bovet, représenté figure 76, dans lequel l'action magnétisante est donnée par un seul enroulement circulaire ; mais les constructeurs actuels font des plateaux à surface plane, dans lesquels le bobinage est enclavé dans la masse du plateau, ce qui augmente l'aimantation.

Les figures 79 et 80 montrent les coupes de deux embrayages magnétiques de M. Paul Bachelet, à Paris, l'un pour réunir deux arbres bout à bout, l'autre prolongé par une douille qui peut recevoir une poulie ou un engrenage ; la surface de friction est limitée, sur le plus grand diamètre des plateaux, par une couronne de substance non magnétique et non susceptible de gripper.

La figure 77 est la coupe en long d'un changement de marche de la Compagnie de Constructions électromagnétiques de Pantin, réalisé par deux embrayages magnétiques agissant à tour de rôle sur un plateau P ; l'engrenage *e* et la poulie *p* tournant en sens contraire sur les plateaux magnétiques fous sur l'arbre *aa*, celui-ci sera entraîné dans un sens ou dans l'autre, selon que l'un ou l'autre des plateaux sera excité.

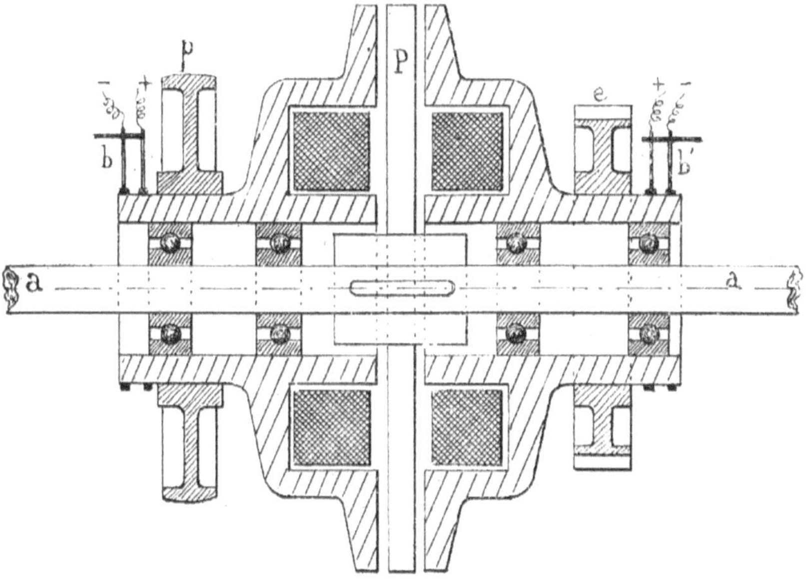

Fig. 77. - Changement de marche électromagnétique.

Fig. 78. - Changement de marche par deux embrayages magnétiques.

La photographie figure 78 montre un autre dispositif de changement de marche, construit par la même firme : il comporte deux embrayages distincts, agissant sur l'engrenage central.

Les tableaux ci-après communiqués par M. Paul BACHELET, constructeur, à Paris, permettent de déterminer la consommation en watts et le poids d'un embrayage électromagnétique, connaissant la puissance P à transmettre et le nombre N de tours par minute. Il suffit de calculer le rapport (P / N) × 1000 et de se reporter au tableau 1 qui indique le type d'embrayage convenable, selon le nombre de tours par minute.

Exemple : Soit 2 arbres bout à bout à réunir par un embrayage magnétique, devant transmettre 140 CV à 350 t/m, nous aurons :

$$(140 / 350) \times 1.000 = 400$$

Le type MK 25 conviendra donc et le tableau 2 indique la consommation en watts, selon le voltage du courant, de 110 à 500 volts, ainsi que le poids de l'appareil : on y voit que celui-ci pèse 582 kg et consomme à 110 volts, 130 watts, c'est-à-dire moins d'un watt par cheval-vapeur transmis.

Tableau I

TYPE	$\frac{P}{N} \times 1000$ pour un nombre de tours par minute de						
	200 et au-dessous	200-400	400-500	500-600	600-800	800-1100	1100-1500
MK 000	0,3	0,3	0,2	0,2	0,1	0,1	0,1
MK 00	2	2	1,5	1,5	1,5	1	1
MK 0	4	4	3	3	3	2,5	2,5
MK 1	7	7	6	6	6	5	5
MK 2	14	13	12	12	11	11	10
MK 4	28	26	24	24	22	22	20
MK 6	42	39	36	36	33	33	
MK 10	98	91	84	84	77	77	
MK 15	182	169	156	156	143		
MK 20	322	299	276	276	253		
MK 25	476	442	408	408			
MK 30	672	624	576	576			
MK 35	938	871	804				
MK 40	1260	1110	1080				

TABLEAU II

<table>
<tr><th colspan="4">Puissance absorbée pour tension</th><th rowspan="2">TYPE</th><th rowspan="2">POIDS
KILOS :</th></tr>
<tr><th>110 Volts
Watts</th><th>220 Volts
Watts</th><th>440 Volts
Watts</th><th>500 Volts
Watts</th></tr>
<tr><td>3</td><td>4</td><td>5</td><td>6</td><td>MK 000</td><td>1</td></tr>
<tr><td>5</td><td>8</td><td>10</td><td>15</td><td>MK 00</td><td>3</td></tr>
<tr><td>12</td><td>15</td><td>20</td><td>25</td><td>MK 0</td><td>14</td></tr>
<tr><td>40</td><td>50</td><td>70</td><td>80</td><td>MK 1</td><td>25</td></tr>
<tr><td rowspan="3">60</td><td rowspan="3">78</td><td rowspan="3">100</td><td rowspan="3">120</td><td>MK 2</td><td>59</td></tr>
<tr><td>MK 4</td><td>81</td></tr>
<tr><td>MK 6</td><td>122</td></tr>
<tr><td rowspan="4">130</td><td rowspan="4">140</td><td rowspan="4">180</td><td rowspan="4">190</td><td>MK 10</td><td>208</td></tr>
<tr><td>MK 15</td><td>320</td></tr>
<tr><td>MK 20</td><td>440</td></tr>
<tr><td>MK 25</td><td>582</td></tr>
<tr><td rowspan="3">170</td><td rowspan="3">180</td><td rowspan="3">190</td><td rowspan="3">210</td><td>MK 30</td><td>725</td></tr>
<tr><td>MK 35</td><td>985</td></tr>
<tr><td>MK 40</td><td>1.235</td></tr>
</table>

Embrayages

Types	Diamètre	Longr approx.	Diam. max. de l'arbre	Poids approx.
	mm	mm	mm	kg
0,25	200	240	30	20
0,50	230	260	40	28
1	280	285	50	38
2	320	330	60	55
5	430	400	80	110
10	560	455	95	180
20	750	505	110	310
30	880	535	120	430
40	950	565	135	530
50	1040	590	145	630
75	1200	605	150	950
100	1400	690	180	1200

Renversements de marche

Types	Diamètre	Longr approx.	Diam. max. de l'arbre	Poids approx.
	mm	mm	mm	kg
0,2	200	465	30	38
0,3	230	540	40	67
0,7	280	580	50	75
1,5	320	645	60	100
3	430	755	80	210
7	560	855	95	340
14	750	945	110	570
20	880	985	120	800
30	950	1030	135	1000
35	1040	1070	145	1150
50	1200	1100	150	1800
70	1400	1275	180	2250

Tableau n° 1

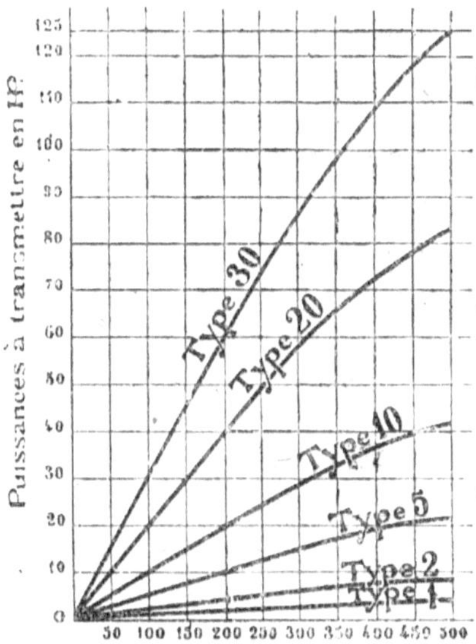

Vitesses en tours par minute

Tableau n° 2

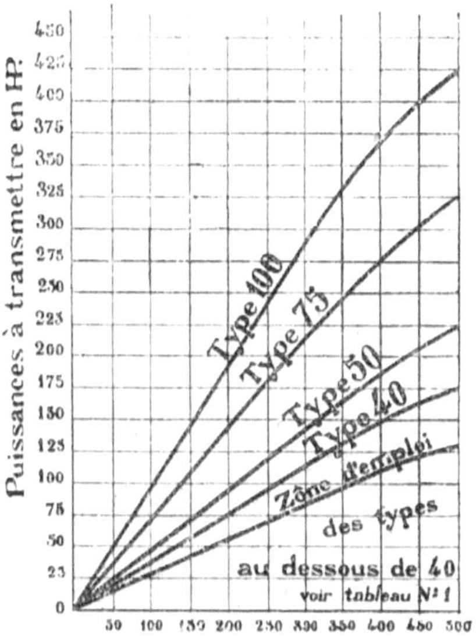

Vitesses en tours par minute

Les diagrammes et tableaux ci-dessus donnent les dimensions et capacités de travail des embrayages de la Compagnie Électromagnétique de Pantin ; les diagrammes servent à déterminer le type convenable selon le nombre de tours par minute et la puissance à transmettre ; en se reportant aux tableaux on trouve les dimensions et poids des appareils.

- X -

Commande des machines par embrayages

Les embrayages sont de plus en plus employés dans l'installation des transmissions d'atelier, afin d'éviter la translation des courroies d'une poulie fixe sur une folle ou inversement ; ce transport qui se fait assez facilement avec les courroies étroites en cuir est tout à fait difficile sinon impossible avec les courroies larges et fortement tendues et surtout avec celles en coton ou en poils de chameau qui se détériorent rapidement au contact des fourchettes de débrayage.

D'autre part, l'embrayage à friction a une action rapide lors de l'embrayage et instantanée lors du débrayage, ce qui est d'un grand intérêt dans certains cas.

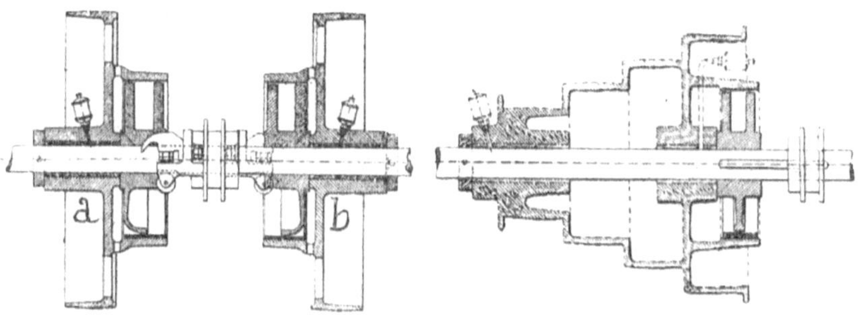

Fig. 81 et 82. — Embrayages sur poulies de machines-outils.

Nous avons représenté figures 51, 64 et 67 l'application de divers embrayages à des poulies de transmission et figures 77 et 78 le montage d'embrayages magnétiques pour des changements de marche. La figure

81 montre l'emploi de deux embrayages à segments extensibles sur deux poulies *a* et *b* folles sur le même arbre ; selon que ces poulies sont entraînées à vitesses égales ou différentes et en sens directs on inverse, ces deux embrayages permettent, les changements de vitesse ou de marche de l'arbre récepteur et son arrêt sans déplacement des courroies (cas des raboteuses à métaux).

La figure 39 montre l'application d'un double embrayage à cônes à un changement de marche par engrenage.

L'application d'un embrayage à segment dans un cône pour commande de machine-outil est indiquée figure 82. L'embrayage est absolument nécessaire pour la mise en marche des moteurs à gaz dès qu'ils dépassent 20 à 30 CV, afin de supprimer la résistance de la transmission pour le lancement du moteur ; de même pour les moteurs électriques synchrones et asynchrones, qu'il faut démarrer à vide. Nous citons ces emplois entre beaucoup d'autres.

- XI -

Embrayages et trains planétaires d'engrenages

Nous avons parlé des *engrenages planétaires* dans le volume V (engrenages), et cité, à ce propos, le changement de vitesse Ford. Nous représentons figure 83 un embrayage démultiplicateur, construit il y a environ vingt-deux ans pour les voitures automobiles Hautier. (Communication de M. Henri André, ingénieur A. et M.)

L'*arbre moteur* et l'*arbre récepteur* sont bout à bout dans un carter cylindrique à bain d'huile K portant une poulie de frein et une denture intérieure ; l'arbre moteur porte un pignon à denture droite H qui engrène avec deux satellites I et J agissant sur la couronne dentée intérieure du carter K.

Ces satellites sont montés sur un plateau entraînant l'arbre récepteur. Tant que la poulie de frein est libre, les satellites IJ tournent en entraînant le carter K et l'arbre récepteur reste immobile.

Si l'on agit sur la poulie de frein *f*, le carter K se trouve immobilisé et les satellites entraînent l'arbre récepteur à une vitesse moindre que celle de l'arbre moteur, selon le diamètre de la denture intérieure du carter K :

$$v \times H = v' \times K$$

v et v' étant les vitesses de l'arbre moteur et récepteur, H et K les nombres des dents du pignon moteur et de la denture intérieure.

On voit figure 84 les détails de construction du frein à mâchoires commandé par une pédale : une double vis à pas contraires B serre le frein et un ressort spiral M maintient l'embrayage ; en agissant sur la pédale D, on débraye en desserrant les mâchoires *m*.

Ce mécanisme est bien compliqué. M. Ford n'emploie pour le même résultat que des freins à ruban d'acier plus simples. (Voir Volume V).

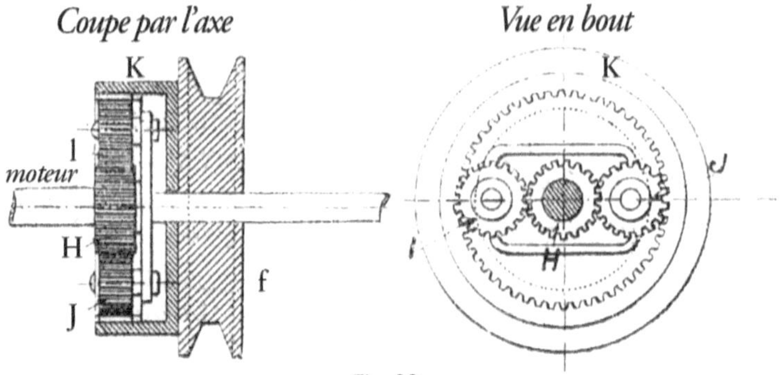

Fig. 83.

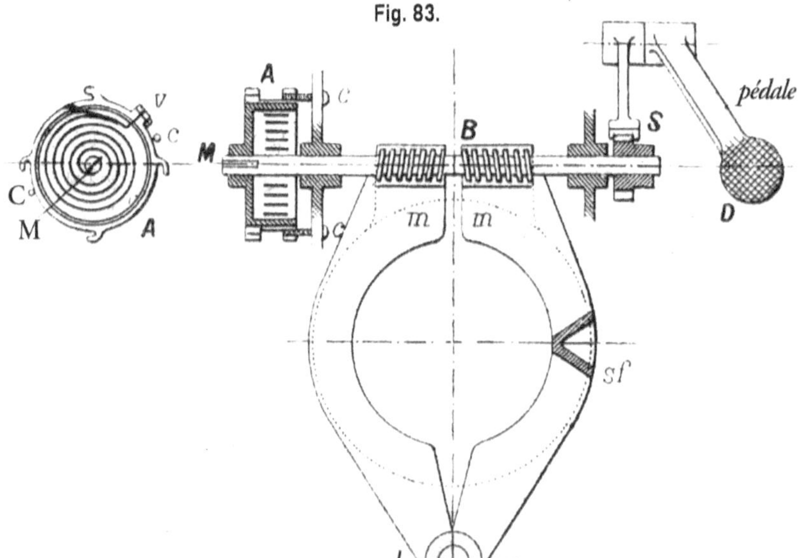

Fig. 84.

Fig. 83 et 84. — Embrayage sur train d'engrenages planétaires.

- XII -

Embrayages automatiques

Supposons un embrayage composé d'une partie femelle inextensible dans l'intérieur de laquelle tourne une partie mâle, extensible sous l'influence de la force centrifuge et calée sur l'arbre moteur, tandis que la partie femelle entraîne l'arbre récepteur : il est évident que tant que la vitesse angulaire de l'arbre moteur sera égale ou supérieure à celle prévue par le constructeur pour que l'entraînement ait lieu, la partie mâle entraînera la partie femelle ; si la vitesse angulaire diminue, par suite d'un excédent de résistance des organes commandés, la partie mâle, ne subissant qu'une force centrifuge insuffisante, se rétreindra et l'entraînement de la partie femelle cessera jusqu'à ce que l'arbre moteur ait repris sa vitesse normale qui rétablira automatiquement l'embrayage.

Ce mécanisme trouve son application dans la commande de certaines machines et principalement dans celle des voitures automobiles qu'il débraye automatiquement dès que le rapport des engrenages de la boîte des vitesses n'est plus en concordance avec la résistance de la voiture et la puissance du moteur : à ce moment, le conducteur n'a qu'à changer sa multiplication au moyen du levier des vitesses.

On peut réaliser un embrayage automatique par l'emploi de ressorts agissant sur des masses pesantes en rotation ; l'embrayage dit *Centrifugia* se compose d'un bloc cylindrique en caoutchouc de bonne qualité dans lequel sont placées des masselottes de plomb et portant, sur sa périphérie, des surfaces de friction ; le bloc ainsi formé est solidaire de l'arbre du moteur et tourne dans l'intérieur de la cuvette constituant la partie femelle solidaire de l'arbre du changement de vitesse.

Le frottement de la garniture du disque contre la cuvette, frottement qui croit avec la vitesse, produit un entraînement extrêmement progressif, sans chocs, sans vibrations, sans broutement, de plus il évite rigoureusement le patinage de l'embrayage.

Pour le démarrage, il suffit de mettre en prise sur la combinaison d'engrenages qui s'adapte au profil de la route, le plus généralement en prise directe, après avoir eu soin de mettre le moteur au ralenti, puis on appuie à fond sur l'accélérateur : la voiture démarre et toutes les manœuvres de variation de vitesse, se font uniquement en manœuvrant les pédales d'accélérateur et de frein ; il n'y a pas besoin de s'occuper du débrayage puisqu'il est automatique et du reste la pédale de commande devenue inutile est supprimée.

(Voir *freins automatiques*, 2e partie, chapitre VI de ce volume.)

- XIII -

Mandrins et embrayages à air comprimé

On emploie en Amérique, en Allemagne et en Suisse des mandrins de serrage et des embrayages, pour grosses machines-outils, dans lesquels la pression nécessaire est fournie par l'air comprimé ; en France, ce système est adopté dans quelques ateliers de construction pour chemins de fer. Le mécanisme de ces appareils comporte un ou plusieurs petits cylindres dans lesquels se meuvent autant de pistons agissant sur les organes de serrage ou de friction.

D'après M. Grenon, avec un cylindre de 150 mm d'alésage, on obtient une pression de 1.000 kg avec une dépense d'air de 3 à 4 litres par opération et, avec un cylindre de 300 mm d'alésage, une pression de 5 tonnes pour une dépense d'air de 15 litres à la pression atmosphérique.

Deuxième partie

LES FREINS

- I -

Généralités sur le freinage

(*Communiqué par la Société Française du Ferodo.*)

Un bon frein doit satisfaire aux conditions suivantes :

1. - L'effort à exercer pour le faire fonctionner doit assurer un rendement maximum, ce qui nécessite :

a) Que la puissance de freinage puisse atteindre le blocage ;
b) Que le freinage soit progressif suivant l'effort exercé ;
c) Qu'il n'y ait à développer aucune force parasite, donc que les forces d'appui se réduisent à un couple égal, au couple de freinage réalisé sur les jantes ;
d) Que la garniture de frein, tout au moins dans les freins à commande directe, sans servofrein ni multiplicateur d'effort du même genre, ait un coefficient de frottement élevé ;

2. - Tout broutement doit être évité, surtout aux grandes vitesses et sous les grands efforts de freinage ; il faut par conséquent :

e) Que les forces de frottement, même un peu irrégulières, n'aient aucune tendance à ébranler la position des organes de friction ;

3. - La durée de la garniture doit être la plus longue possible et son usure doit être progressive et égale sur toute l'étendue des surfaces de friction, ce qui nécessite :

f) Que la substance constitutive de cette garniture soit parfaitement homogène ;
g) Qu'une région de la garniture qui a commencé accidentellement à s'user un peu plus qu'une autre, n'ait pas tendance à s'user

encore davantage, comme cela arriverait si, du fait de sa première usure, sa forme se relâchait ou se boursouflait ;

h) Que la pression d'appui soit uniforme autant que possible sur toute l'étendue des surfaces de friction.

Les trois conditions (d), (f) et (g) sont satisfaites par l'emploi des garnitures en coton ou amiante imprégnées de gommes synthétiques (Ferodo, etc.) ; l'étude qui suit, montre comment on peut satisfaire aux autres conditions.

- II -

Freins à mâchoires intérieures

Considérons le frein constitué par un tambour T (fig. 85), tournant avec la roue ou avec l'arbre de transmission d'une automobile, à l'intérieur duquel sont placées deux mâchoires de frein F F. Ces mâchoires sont rendues solidaires du châssis ou du pont arrière de la voiture, en A de telle sorte qu'elles ne peuvent pas tourner avec le tambour lorsqu'on les serre contre ce dernier. Leur liaison se fait à l'aide d'un dispositif C, destiné à écarter les mâchoires au moment du freinage pour les obliger à se serrer contre le tambour.

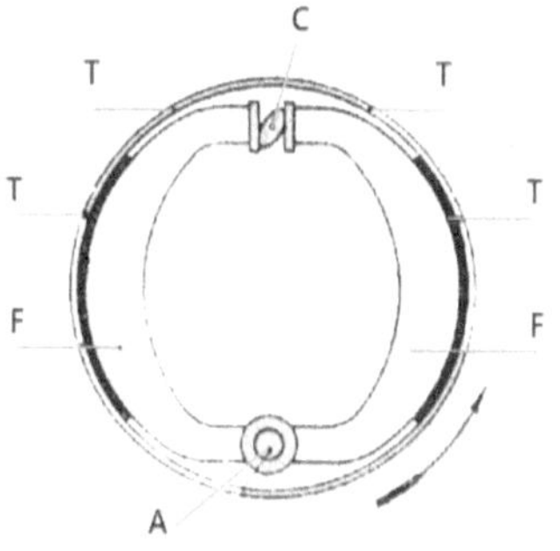

Fig. 85.- Freins à mâchoires intérieures.

Ce dispositif peut être constitué par une came, par deux biellettes venant se coincer entre les extrémités des mâchoires, ou par tout autre dispositif mécanique approprié. Sur la figure 85, nous avons représenté une came C agissant sur des surfaces planes.

Les mâchoires sont garnies sur une certaine longueur de leur surface externe de bandes qui seules entrent en contact avec le tambour au moment du freinage.

Si le mouvement de rotation du tambour se fait en sens inverse des aiguilles d'une montre, nous appellerons *segment comprimé* la mâchoire de gauche sur laquelle le mouvement s'effectue de la came C vers l'axe de l'articulation A et *segment tendu*, la mâchoire de droite, celle sur laquelle le mouvement du tambour s'effectue de l'axe de l'articulation A vers la came C.

Calcul d'un frein à mâchoires intérieures pour automobiles.

Nous allons établir une formule pratique de calcul des dimensions principales d'un frein, qui mettra en valeur le produit p tg φ de la *pression unitaire* que l'on fait supporter à la garniture par le *coefficient de frottement* de cette dernière. Ce produit p tg φ représente la *force de frottement unitaire* en chaque point.

Supposons pour un instant la pression uniformément répartie sur toute la surface du segment ; la force unitaire de frottement sera, elle aussi, constante.

Soit :

- R — Rayon de la roue freinée ;
- r — Rayon interne du tambour de frein ;
- P — Poids sur la roue freinée ;
- k — Coefficient de frottement du pneumatique sur le sol = 0,65 ;
- tg φ — Coefficient de frottement de la garniture sur l'acier poli ;
- p — Pression unitaire maximum permise ;
- l — Largeur de la bande de friction ;
- F — Effort de freinage total sur le tambour de frein ;
- S — Surface totale de frottement ;
- N — Démultiplication du pont arrière.

La surface des deux bandes de friction sera :

$$S = \pi r l$$

si on limite la garniture à deux arcs, de 90° chacun.

La force de frottement totale sur le tambour sera :

$$F = S.p \operatorname{tg} \varphi = \pi r l p \operatorname{tg} \varphi$$

Exprimons maintenant que cette force F doit être suffisante pour bloquer la roue. Nous aurons :

$$0{,}65 \text{ P } (\text{R} / \text{r}) = F = \pi r l p \operatorname{tg} \varphi$$

soit approximativement :

$$r^2 l = 0{,}20 (\text{P.R} / p \operatorname{tg} \varphi)$$

Cette formule nous permet de déterminer les dimensions principales r et l du frein sur roue, suivant la qualité de la garniture employée et les données générales de la voiture.

Elle met aussi en évidence les avantages de l'emploi d'une garniture pour les freins. En effet, si, d'une part, nous comparons son coefficient de frottement sur la fonte ou l'acier poli avec celui du métal sur métal, nous voyons qu'il est de 0,3, 0,35, 0,4, du Ferodo, alors qu'il n'est que de 0,15 pour le frottement de la fonte sur acier. Si, d'autre part, nous considérons que, pour ce produit, p peut atteindre 20 kg par centimètre carré, nous voyons que son emploi permet de donner au produit $p \operatorname{tg} \varphi$ une valeur très élevée[5].

Pour le frein placé sur l'arbre de transmission, nous aurons :

$$F = 0{,}65\ (PR / Nr)$$

et

$$r^2 l = (0{,}20\ PR) / (Np \operatorname{tg} \varphi)$$

Ainsi que nous l'avons déjà dit, nous avons supposé la pression p uniforme en tous points. Nous allons voir tout à l'heure qu'il n'en est rien et qu'en un point quelconque la pression a pour valeur :

$$p' = p \sin \alpha$$

α étant l'angle que fait le rayon vecteur du point considéré avec le diamètre came pivot, et p la valeur de la pression au point M (fig. 88).

Toutefois, au moins en ce qui concerne les formules précédentes et lorsque l'angle d'ouverture de la garniture n'est pas trop grand, cette approximation peut être considérée comme suffisante.

Considérons, en effet, la figure 86 où cette pression $p' = p \sin \alpha$ sur toute la longueur développée du segment est représentée par le trait plein régulier.

Si nous nous plaçons dans l'hypothèse d'une garniture limitée à un arc de 90°, nous voyons que la pression varie dans la proportion de 0,707 aux extrémités à 1 au centre ; cette variation n'est donc pas très grande.

(5) Il faut prendre garde que p n'est pas une valeur absolument fixe.
Pour éviter les échauffements exagérés, il faut que le produit de l'effort tangentiel unitaire $p \operatorname{tg} \varphi$ par l'espace parcouru par le tambour, dans le coup de frein le plus dur reste à peu près constant. Ce travail admissible par unité de surface de garniture est d'autant moindre que le tambour est plus mince.

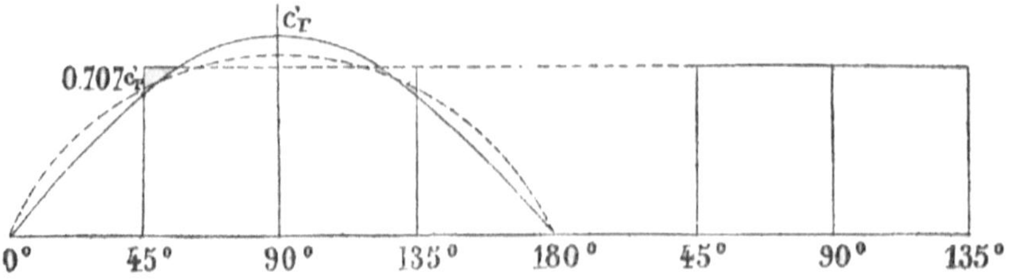

Fig. 86. Fig. 87.

Si nous tenons compte de la déformation des segments et du tambour, sous l'influence des pressions, le tambour s'ovalisant en disposant son grand axe dans la direction perpendiculaire à la direction AC, les segments, eux, s'ovalisant en disposant leur grand axe dans la direction AC, nous devons, tout au moins pour les grands efforts, diminuer légèrement la pression obtenue au milieu du segment et l'augmenter aux extrémités ; le trait plein de la figure 86 devra donc être remplacé par le diagramme à trait pointillé, qui nous montre que la pression réelle dans la région utilisée subit des variations qui sont comprises entre deux limites encore plus restreintes que 0,707 et 1.

Cela nous autorise à remplacer le diagramme de pression de la figure 86 par celui de la figure 87, où la pression inégale sera remplacée par une pression constante égale à la moyenne du diagramme précédent. Cette approximation nous a facilité le calcul de cette pression en partant de l'effort de freinage demandé.

L'examen des deux diagrammes nous permet de supposer que l'ordonnée maximum du diagramme curviligne de la figure 86 ne dépassera pas de 10 % son ordonnée moyenne ou l'ordonnée constante du diagramme rectiligne de la figure 87. Nous pouvons, pour nos calculs ultérieurs, soit négliger cette différence de 10 %, soit frapper du coefficient 0,9 la pression maximum admissible pour une garniture de bonne qualité.

En tenant compte de ce coefficient de 0,9, la formule que nous avons donnée dès le début deviendrait :

$$r\,l = 0{,}22\,(\mathrm{P\,R} / p \operatorname{tg} \varphi)$$

Nota. — Dans le cas général d'une répartition sinusoïdale des pressions et pour une garniture allant de α_1 à α_2, la force de freinage serait :

$$F = 2\,lrp\,\mathrm{tg}\,\varphi\,(\cos\alpha_1 - \cos\alpha_2)$$

L'application de cette dernière formule amènerait aux mêmes conclusions en ce qui concerne le produit $p\,\mathrm{tg}\,\varphi$.

Répartition des pressions

Après la détermination des dimensions principales d'un frein, il est intéressant au plus haut point d'étudier la façon dont ses divers éléments se comporteront sous l'action du coup de frein. Pour cela, nous étudierons successivement la répartition des pressions et, par suite, les efforts de frottement, leur résultante, les réactions d'appui et la répartition des moments de flexion dans les mâchoires.

Nous allons supposer, dans tout ce qui va suivre, et jusqu'à nouvelles hypothèses, que les mâchoires et le tambour sont parfaitement rigides. Dans l'espèce, nous entendons par rigides une mâchoire ou un tambour dont les déformations élastiques sont sensiblement inférieures à celles que la garniture éprouve par compression.

Les bandes qui constituent cette garniture, seront donc considérées comme compressibles suivant la loi de Hooke, c'est-à-dire que la compression obtenue sera proportionnelle à la pression exercée.

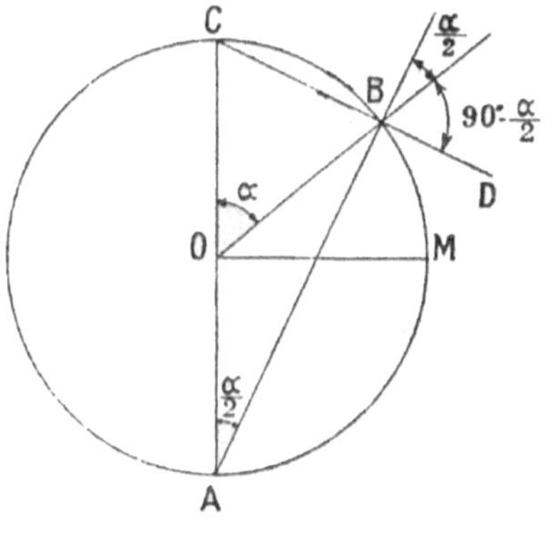

Fig. 88.

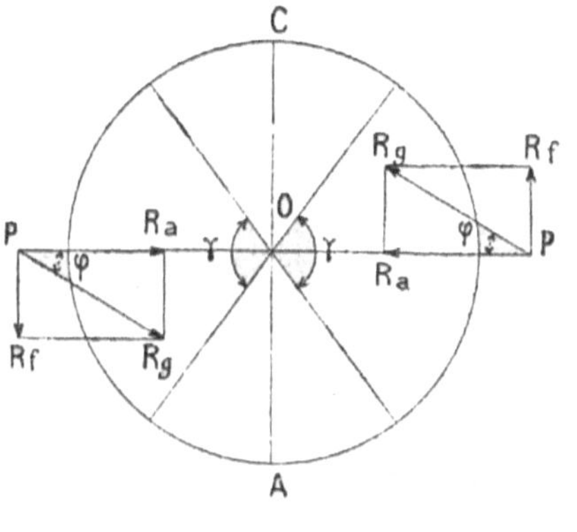

Fig. 89.

Si nous prenons un frein bien construit dans lequel les bandes de garniture entrent en contact avec le tambour par toute leur surface à la fois, et si, à partir de ce moment, nous continuons à écarter les segments l'un de l'autre, nous obtiendrons en chaque point de la surface des pressions proportionnelles aux diminutions d'épaisseur des bandes, c'est-à-dire aux déplacements de ces points pris normalement aux surfaces. Pour simplifier les choses, supposons le point d'articulation des segments, A, placé sur la circonférence d'appui du tambour (fig. 88).

Pour un petit mouvement déterminé du segment, le déplacement d'un point quelconque B s'effectuera suivant la direction BD perpendiculaire à la direction AB et sera proportionnel en grandeur à la longueur du vecteur AB.

Nous aurons donc :

$$\overline{BD} = c\,CA \cos \alpha/2 = 2\,cr \cos \alpha/2$$

où c représente un coefficient constant et r le rayon intérieur du tambour = OB.

En prenant la projection de BD sur OB, nous obtiendrons la pression en B égale à :

$$p' = 2\,cr \cos \alpha/2 \ \cos (90° - \alpha/2) = 2\,cr \cos \alpha/2 \sin \alpha/2 = cr \sin \alpha$$

Si le point d'articulation, au lieu d'être sur la circonférence d'appui, était en un point quelconque de OA, le résultat du calcul serait le même parce qu'une rotation autour d'un tel point peut être décomposée en une rotation autour de A et en une rotation autour de O. Cette dernière ne provoque aucun effort de pénétration, en sorte que la loi sinusoïdale de répartition des pressions obtenues ci-dessus doit être considérée comme ayant une portée tout à fait générale.

Si nous désignons par p la valeur de la pression an point M (OM perpendiculaire à CA), nous avons :

$$cr = p$$

La valeur de la pression devient donc :

$$p' = p \sin \alpha$$

Résultantes des Forces de frottement et des Pressions :
Résultante générale. — Moment de freinage.

Pour l'expression de ces forces, appelons γ l'angle d'ouverture totale d'une des garnitures, la disposition de celles-ci étant supposée symétrique par rapport à l'horizontale. Nous nous plaçons dans cette hypothèse, car c'est la disposition la plus fréquente, qui donne des pressions égales de chaque côté du sommet M (fig. 88), et qui a pour effet de réduire toutes les forces d'appui et de frottement à un couple. On peut calculer successivement (fig. 89) :

1. - La résultante R*a* des forces d'appui le long d'un des segments :

$$Ra = plr\ ((\gamma + \sin \gamma) / 2)$$

où *r* désigne le rayon intérieur du tambour, *l* la largeur de la garniture, et où l'angle γ est exprimé en radians : cette résultante, par raison de symétrie, est horizontale ;

2. - La résultante R_f des forces de frottement le long du même segment :

$$R_f = plr \operatorname{tg} \varphi\ ((\gamma + \sin \gamma) / 2)$$

où φ désigne l'angle de frottement de la bande de garniture.

Cette résultante, ayant des composantes toutes perpendiculaires et proportionnelles à celles de R*a*, est perpendiculaire à cette dernière, donc verticale ; et elle est dans le rapport tg φ avec elle. Remarquons que les valeurs de l'angle de frottement φ sont les suivantes :

Coefficient de frottement tg φ	Angle de frottement φ
0,30	12°42'
0,35	19°17'
0,40	21°51'

3. - La résultante générale R*g* de toutes les forces appliquées sur la garniture :

$$Rg = p\,l\,r\ \sec \varphi\ ((\gamma + \sin \gamma) / 2)$$

cette résultante faisant avec l'horizontale l'angle de frottement φ.

4. - Le moment de freinage M égal au double de la somme des moments par rapport au centre des forces élémentaires de frottement agissant sur l'un des deux segments.

$$M = 4 \sin (\gamma / 2)\ \operatorname{tg} \varphi\, p\, l\, r^2$$

5. - La distance *x* du point d'application P de R*f* et par conséquent, de R*g* au point O, ce point d'application étant situé sur l'horizontale du centre et des sommets :

$$x = M / (2 R f) = r \times [2 (\sin \gamma / 2) / ((\gamma + \sin \gamma) / 2)]$$

Toutes ces formules sont d'une application facile, grâce au tableau numérique suivant :

γ	$\frac{\gamma + \sin \gamma}{2}$	$2 \sin \frac{\gamma}{2}$	$\frac{2 \sin \frac{\gamma}{2}}{\frac{\gamma + \sin \gamma}{2}}$
0°	0	0	1
15°	0,260	0,261	1,004
30°	0,512	0,513	1,01
45°	0,746	0,766	1,03
60°	0,957	1	1,05
75°	1,137	1,217	1,07
90°	1,285	1,414	1,10
105°	1,400	1,587	1,13
120°	1,480	1,732	1,17
135°	1,532	1,848	1,20
150°	1,559	1,932	1,24
165°	1,569	1,983	1,26
180°	1,571	2	1,27

En raison de son importance, nous avons tracé ci-après (fig. 90) la courbe représentative des valeurs de l'expression :

$$x = r \times [2 (\sin \gamma / 2) / ((\gamma + \sin \gamma) / 2)]$$

suivant les variations de l'angle γ.

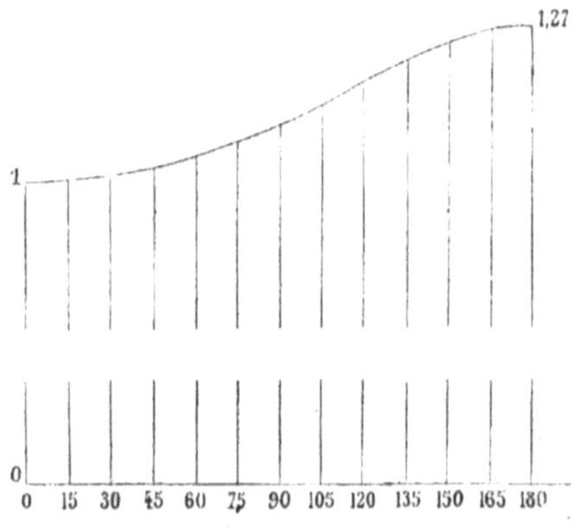

Fig. 90.

Longueur à donner à la garniture.

Comme application pratique immédiate du précédent exposé théorique, nous sommes en mesure de montrer que l'ouverture des arcs d'appui de la garniture doit être d'autant plus faible que le coefficient de frottement de ladite garniture est plus élevé, et que le point d'articulation des mâchoires est plus nettement à l'intérieur de la circonférence d'appui.

Cela résulte de la valeur relativement grande de l'angle de frottement (17 à 22") et de la distance *x* (fig. 91) au centre O du point d'application P de la résultante générale qui, pour des grandes ouvertures de l'angle φ, dépasse le rayon d'un quart de sa valeur.

Comme il est essentiel, pour éviter le broutement, que la résultante générale passe toujours largement à l'intérieur du pivot, il faut de toute nécessité éviter que son point d'application soit situé trop loin de la circonférence. La disposition représentée sur la figure 91 peut être considérée comme dangereuse, en ce sens que tout excès de frottement du côté de la came risquera de faire passer la résultante en dehors du point A.

La chose serait encore plus à craindre dans le cas d'une répartition des forces d'appui. Nous aurions en effet, dans ce cas, l'expression :

$$x = r \times ((\gamma / 2) / \sin(\gamma / 2))$$

qui donne pour x des valeurs plus facilement exagérées que la précédente.

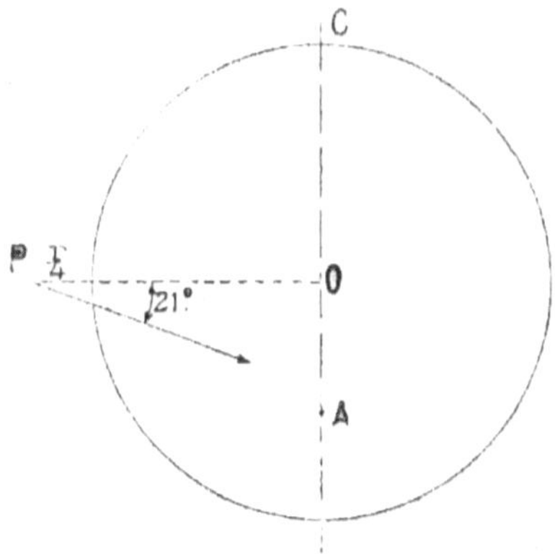

Fig. 91.

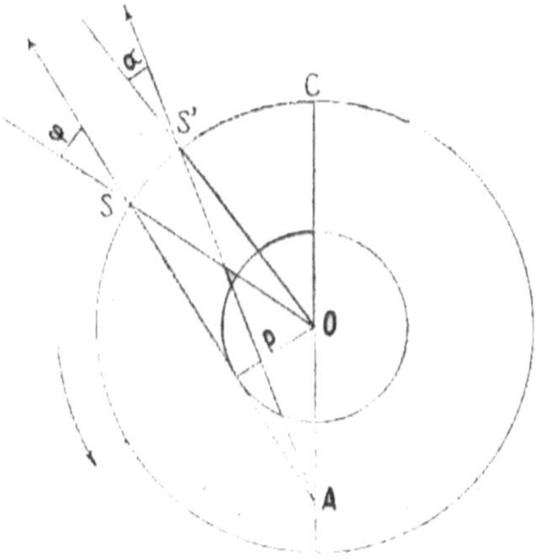

Fig. 92.

Nous pouvons aussi obtenir quelques indications utiles en considérant l'action de certains points, action toutefois prise isolément.

Considérons en effet le segment comprimé (fig. 92) et soit un point S tel que AS soit tangent au cercle de rayon $\rho = r \sin \varphi$. La force agissant sur l'élément S fait l'angle φ avec la normale à la surface frottante, elle passe par A et ne donne aucune réaction sur C. Pour tout élément S' compris entre S et C la force agissante passerait de l'autre côté du point A. La réaction en C devenant alors négative, le segment perdrait momentanément contact avec la came, il y aurait une série d'entraînements des segments par le tambour, puis de détentes du segment ; ce phénomène se traduirait par un broutement très désagréable pour les occupants de la voiture.

On voit que la zone dangereuse CS sera d'autant plus grande que le point A sera plus rapproché du centre ; l'angle COS serait égal à 2 φ si le point A était sur la circonférence même du tambour.

Considérons maintenant le segment tendu et supposons qu'il soit du type à demi-œil, c'est-à-dire qu'il ne puisse exercer sur l'axe de l'articulation A qu'une force de pression à l'exclusion de toute force de traction.

Nous verrons que dans un segment bien compris, garni seulement en son milieu sur l'étendue d'un quart de cercle, la force en A tend à appliquer le segment sur l'axe de l'articulation. Mais si la garniture est poussée trop près du point A, il est évident que les frottements de cette partie, qui tendent à écarter le segment de l'axe, peuvent devenir prépondérants sur ceux qui tendent à l'appliquer sur cet axe, puisque la réaction en A donne une très faible composante dans la direction tangentielle au segment.

Ceci donne une série d'entraînements et de détentes comme sur le segment précédent. De cette façon s'explique le fait que le segment tendu peut aussi provoquer le broutement du frein lorsque la garniture vient trop près de A et lorsque l'articulation en A est réalisée par un demi-œil.

Comme conclusion, on aura donc à limiter la longueur des arcs d'appui, d'autant plus que le coefficient de frottement sera plus grand et que la position du pivot sera plus intérieure.

Ceci n'est vrai, qu'à la condition posée plus haut que le tambour soit très rigide.

Pratiquement, on prendra comme limite extrême une ouverture de 120° et on abaissera celle-ci a 90° dans le cas d'une très grande valeur du coefficient de frottement ou d'un pivot rapproché du centre. On remarquera du reste que cette limitation de longueur est bien loin de diminuer dans la même proportion l'importance des forces d'appui totales et par conséquent des forces de frottement utiles puisque, comme nous l'avons dit, la pression en un point est proportionnelle au sinus de l'angle que forme le rayon vecteur de ce point avec la ligne AC : ce sinus diminue rapidement de valeur quand on approche de cette dernière ligne.

Cette théorie du broutement met en évidence l'absolue nécessité d'avoir des tambours ronds et bien centrés. Un tambour ovale ou excentré attaque d'abord le segment dans la zone dangereuse et le fait brouter. Ce défaut ne se corrige pas à l'usage, puisque la rotation use régulièrement le segment.

Frein à mâchoires réglables de la Cie du Ferodo.

Le réglage de ce frein s'effectue sans démonter les roues, ce qui assure un réglage rigoureusement exact puisqu'il se fait en présence et à l'aide du tambour, et cela, quel que soit l'état de ce dernier : neuf, usé, bien calibré ou non.

Chaque mâchoire est réglée indépendamment de l'autre, ce qui permet de rattraper le jeu toujours inégal provenant de l'usure, soit de la garniture, soit du tambour ou des autres organes, du palier par exemple.

Ce frein est représenté figure 93 : un boulon (1) est tourné excentriquement dans la partie médiane et reçoit sur l'excentrique le bout d'une tige (2) s'appuyant par son autre extrémité sur le pivot (3). Des ressorts (4) rappellent au repos les mâchoires (5) tout en maintenant la tige (2) en contact avec l'excentrique (1) et le pivot (3).

Les boulons (1) viennent déboucher à l'extérieur et permettent un réglage facile de chaque mâchoire sans avoir à démonter les roues. À

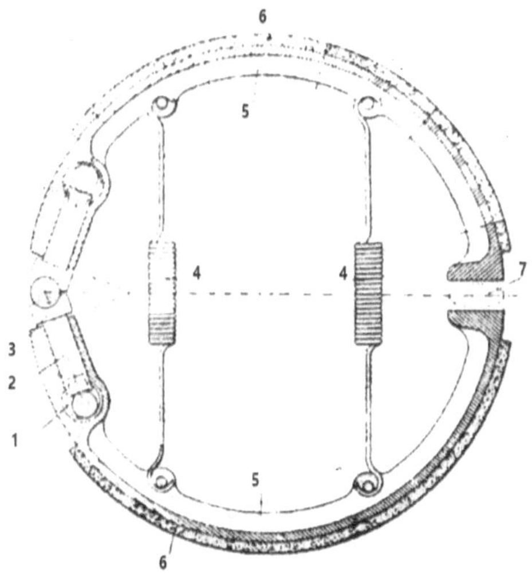

Fig. 93.— Schéma du frein à mâchoires réglables séparément.
1. Boulon. – 2. Tige. – 3. Pivot. – 4. Ressorts. – 5. Mâchoires garnies en 6 de « Ferodo ». – 7. Came de serrage.

cet effet, le boulon (1) laisse apparent une partie de son filet recevant un écrou de blocage de l'excentrique dans la position qui lui a été donnée par réglage : de plus, il porte à son extrémité un carré ou rectangle désaxé servant au réglage.

Le désaxage sert à repérer la position exacte de l'excentrique. Un demi-tour suffit à donner à la tige (2) la course maximum et suffisante (4 mm environ) qu'elle peut atteindre après usure des garnitures. Pendant ce demi-tour, les mâchoires, tout en s'écartant du pivot, remontent légèrement vers la came (7), endroit où la garniture est susceptible de s'user le plus ; de ce fait, tout jeu provenant de cette cause est rattrapé et un réglage des tringles devient même inutile.

Freins à mâchoires réglables par le levier d'action

La figure 94 montre un mécanisme de M. Lemoine pour frein intérieur ; l'ouverture et la fermeture des mâchoires sont faites par le mouvement du levier de manœuvre et réglables par une vis avec contre-écrou *v* articulée avec la chape *c* qui actionne la mâchoire *m*, ce qui permet de rattraper l'usure.

Frein à came et ressorts de rappel

(fig. 95.)

Les deux mâchoires A et B articulées à charnière sont rappelées pour desserrer, par deux ressorts à boudin ; l'écartement pour le serrage est

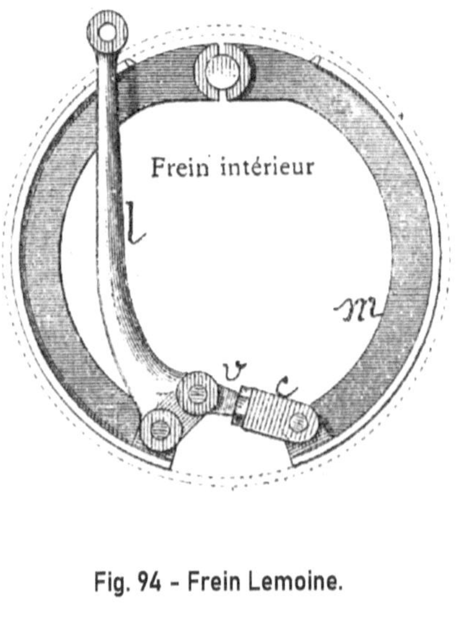

Fig. 94 - Frein Lemoine.

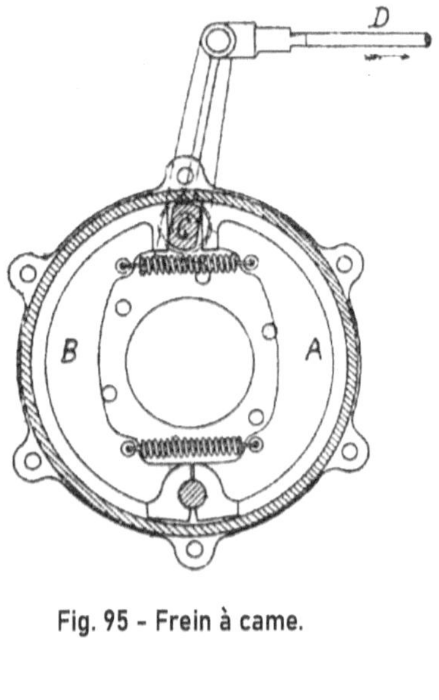

Fig. 95 - Frein à came.

fait par une came elliptique C comme dans le mécanisme figure 93. Le réglage ne peut se faire que par la tige D ; il n'y a pas de système compensateur d'usure, ce qui est un défaut.

Nota. — Les freins à mâchoires intérieures sont surtout appliqués aux embrayages et aux roues arrière des automobiles.

- III -

Freins à mâchoires extérieures

Soit F la force tangentielle que les mâchoires doivent exercer sur la poulie de frein et f le coefficient de frottement, ces deux quantités étant calculées comme nous l'avons dit pour les freins à mâchoires intérieures.

La pression à exercer sur chaque mâchoire est :

$$P = F / 2f$$

les leviers de manœuvre devront être calculés en conséquence.

Si l'on admet que cette pression doit être p = 100 kilogrammes au plus par centimètre carré de la surface de projection, déterminée par le produit du diamètre d de la poulie par la largeur l de cette poulie, on écrira :

$$p = (100\,F) / (2\,d\,l\,f)$$

d'où

$$l = (100\,F) / (2\,d\,p\,f) = (50\,F) / (d\,p\,f)$$

Si p = 100 kg par cm^2, $l = F / (2\ d\,f)$

F est exprimée en kilogrammes.

f est le coefficient de frottement (0,15 à 0,35 selon les garnitures).

l et d exprimés en millimètres.

Mécanismes des freins à mâchoires extérieures

Les figures 96 et 97 montrent deux systèmes de commande pour ces freins qui sont employés fréquemment sur des treuils et sur les

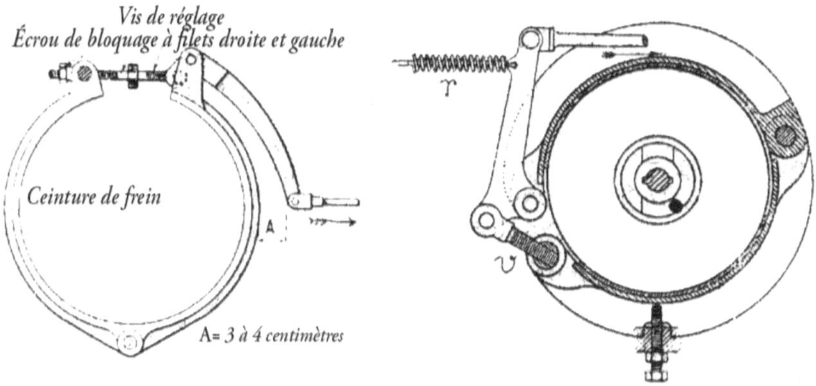

Fig. 96 et 97.- Freins à mâchoires extérieures.

arbres de commande des automobiles (*freins de différentiel* ou *freins de mouvement*). Le réglage ou le rattrapage du jeu produit par l'usure des garnitures doit toujours être prévu : dans la figure 96 il est fait par une vis à deux pas contraires, avec un écrou de blocage, s'engageant dans des écrous montés sur pivots perpendiculaires à l'axe de la vis ; dans la figure 97, la vis *v* prolongeant la chape d'articulation ou levier, agit aussi sur un écrou pivotant, le rappel au desserrage étant fait par le ressort *r*.

(Voir 4e Partie, *les freins à commande par électroaimants.*)

- IV -

Freins à bande ou à enroulement

(fig. 98 et 99)

Le rapport des tensions ou des compressions est :

$$T_1 / T_2 = e^{f\alpha}$$

e étant le nombre de base des logarithmes népériens ;
α étant l'arc d'enroulement de la bande ;
f le coefficient de frottement de la garniture.

Le défaut est la grande différence des pressions d'un point à l'autre de la garniture.

En effet, la répartition des pressions est elle-même exponentielle et si l'arc d'enroulement est grand avec un coefficient de frottement élevé, la pression à l'entrée du tambour est très supérieure à la pression de sortie.

Si par exemple, nous admettons $f = 0{,}45$, coefficient de frottement du *Ferodo Fibre*, et un enroulement de 300°, ce qui nous donne $\alpha = 5{,}2$, le rapport sera :

$$P_1 / P_2 = 2{,}718^{0{,}45 \times 5{,}2} = 10{,}35$$

Comme c'est la pression à l'entrée qui limite l'effort de commande, toute une partie de la garniture n'est utilisée que comme servomoteur.

Cet effort servomoteur est beaucoup plus régulier que dans le frein à mâchoires, puisque les déformations métalliques n'interviennent pas ; les irrégularités proviendront des variations du coefficient de frottement avec la température.

Il pourrait être intéressant de fractionner la bande en plusieurs éléments ; le frein y perdrait en puissance, c'est-à-dire que l'effort de commande serait plus grand par rapport au couple de freinage, mais la garniture étant mieux utilisée en moyenne, le tambour pourrait être moins volumineux.

Une solution ingénieuse consiste à employer des éléments de matières différentes pour constituer la garniture.

À l'extrémité de sortie l'on place une garniture qui a un grand coefficient d'adhérence et qui agit comme servomoteur ; à l'extrémité d'entrée on en met une autre dont le coefficient de frottement est un peu moindre, mais qui supporte les hautes températures, donc les hautes consommations de puissance.

Une précaution importante à prendre est de bien placer les efforts de tension dans l'axe de la bande, sans quoi il en résulte des effets de pincement qui détériorent rapidement les extrémités des garnitures.

Dans les freins à bande intérieure comprimée, les pressions sont plus élevées à la sortie du tambour qu'à l'entrée. La commande peut se faire par application radiale de l'extrémité d'entrée sur le tambour, mais il faut que la fixation de la bande du côté de la sortie soit aussi proche que possible du tambour pour éviter les pincements. Cette disposition est d'ailleurs dissymétrique par rapport au mouvement et bien des freins à bande intérieure comportent deux bandes d'un demi-cercle chacune qui travaillent l'une dans un sens de marche et l'autre dans l'autre.

Les largeurs et diamètres des tambours se calculent comme pour les freins à mâchoires extérieures. La bande d'acier à ressorts a 3 à 4 mm d'épaisseur et une largeur ne dépassant pas généralement 100 mm. Sa section se calcule par la formule :

$$T = e^{f\alpha} / (e^{f\alpha} - 1)$$

T étant la tension de la bande d'acier, F l'effort tangentiel maximum, e la base des logarithmes népériens, f le coefficient de frottement et α l'arc d'enroulement (Voir volume III, le tableau des valeurs de $e^{f\alpha}$). On fait travailler l'acier à 6 kg par mm^2, ce qui donne la section de la bande S = T / 6.

Freins à bande pour treuils

Les freins à bande d'acier avec garniture de friction sont souvent adoptés pour les treuils parce qu'ils sont simples, peu coûteux et puissants.

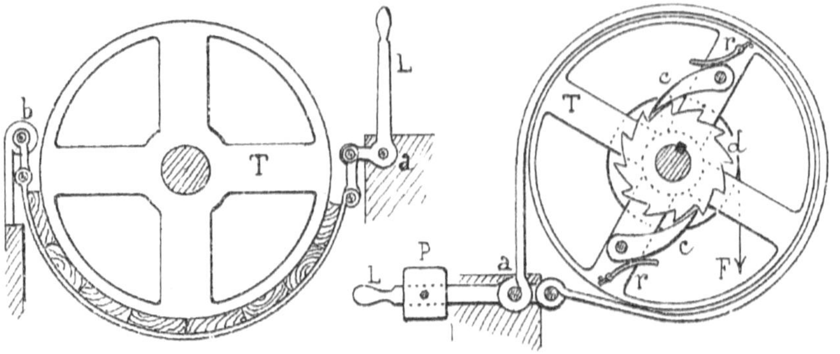

Fig. 98 et 99. — Freins à bande pour treuils.

La figure 98 montre une disposition de frein à bande n'agissant que sur une portion de la circonférence d'un grand tambour. La bande d'acier peut être remplacée par une chaîne. Pour augmenter la puissance d'action de ce genre de frein, on fait sur la jante de la poulie une gorge en forme de V en donnant cette même forme aux blocs de friction.

La figure 100 est un frein à bande pour moteur d'extraction de puits de mine ; il agit sur plus des trois quarts de la circonférence du tambour.

Dans les treuils on peut appliquer le dispositif à cliquets représenté par la figure 99 : le tambour T est fou sur l'arbre du treuil auquel est suspendue la charge F ; le frein serre constamment ce tambour par l'action du contrepoids P : la roue à rochets est clavetée sur l'arbre du treuil. Si l'on abandonne la manivelle du treuil, la charge est maintenue à sa position par le serrage automatique du frein ; pour que la charge descende, il faut soulever le levier L qui desserre le frein.

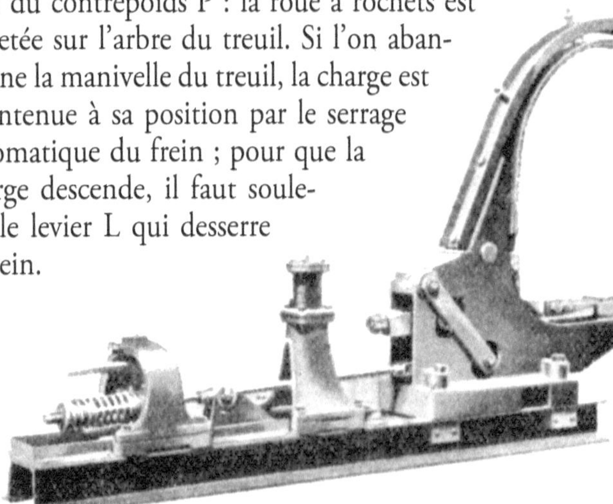

Fig. 100. — Frein à bande pour treuil de mine.

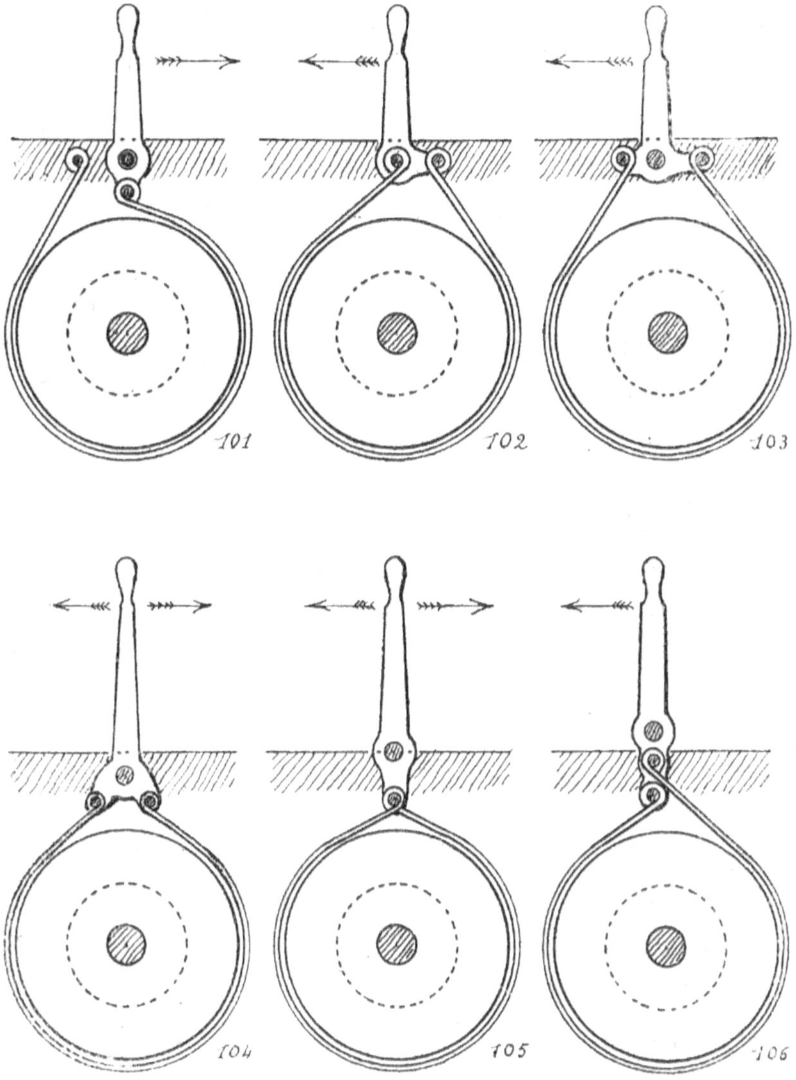

Fig. 101 à 106. — Schémas de freins à bande.

Leviers de manœuvre pour rubans de freins

Nous représentons, dans les schémas 101 à 106, les formes classiques des leviers pour freins à ruban.

- Figure 101. — L'une des extrémités du ruban est reliée à un point fixe sur le bâti de la machine ; ce frein ne serre que dans un sens indiqué par la flèche.
- Figure 102. — L'une des extrémités de la bande de frein est articulée sur le pivot fixe du levier ; ce frein ne serre que dans un seul sens.
- Figure 103. — Bande de frein commandée par deux branches inégales du levier ; ne serre que dans un sens.
- Figure 104. — Commande par un levier à deux branches dont les trois pivots font entre eux un angle de 90° environ ; ce frein serre indifféremment dans les deux sens très énergiquement.
- Figure 105. — Les deux bouts du ruban de frein sont articulés sur le même pivot du levier ; serre dans les deux sens, mais le serrage n'est pas énergique car la bande frein ne tend pas à s'enrouler sur le tambour.
- Figure 106. — Mécanisme *différentiel de Napier*, serre énergiquement dans un seul sens.

Les bandes de freins sont constituées par une seule lame d'acier à ressorts ou par plusieurs lames minces superposées et rivées ensemble par des rivets en acier ; les garnitures y sont fixées par des rivets en cuivre rouge ou en aluminium. Si ces garnitures sont des blocs de bois, on les

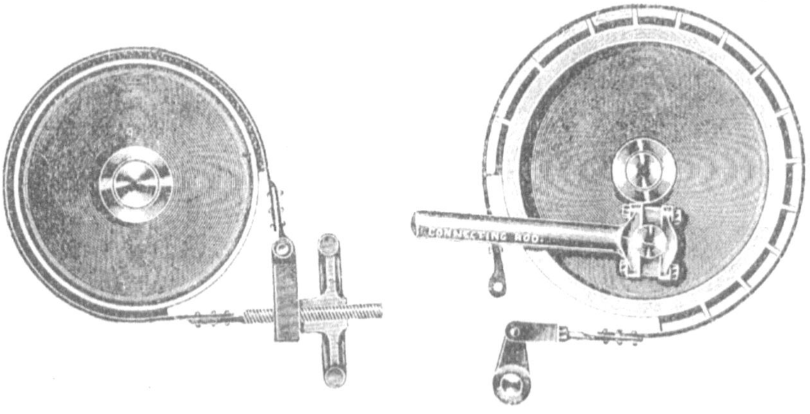

Fig. 107 et 108. — Commandes de freins à bande pour treuils.

fixe par des vis à bois dont la tête porte sur l'extérieur du ruban d'acier ou par des petits boulons à tête noyée dans le bois, figure 132.

La figure 107 montre une garniture faite d'une seule bande de Ferodo et une commande par vis et volant ; la figure 108 indique une garniture en nombreuses parties fixées sur blocs de bois. (Voir plus loin Garnitures des freins.)

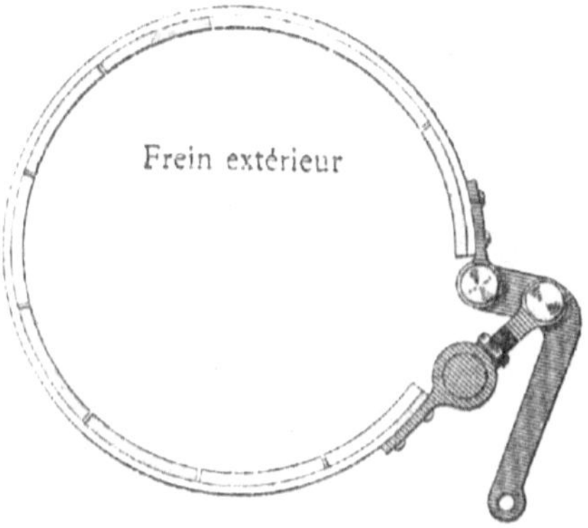

Fig. 109.

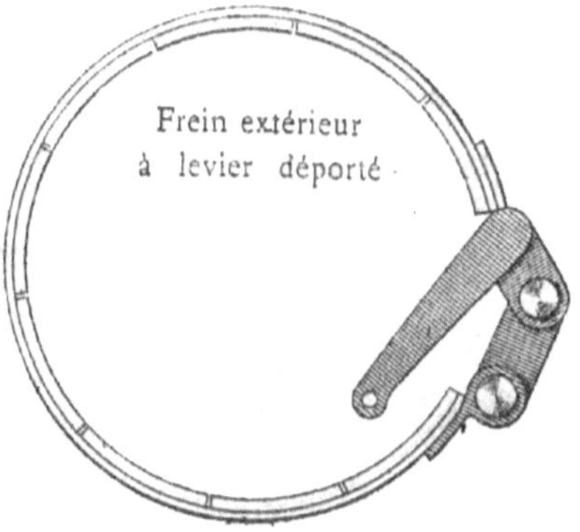

Fig. 109.

Fig. 109 et 110. – Freins à bande Lemoine.

Les figures 109 et 110 représentent un levier coudé avec *tige réglable par vis et écrou de blocage* et un levier avec biellettes pour commandes de freins à bande d'acier.

- V -

Freins à plateaux ou disques

Ces freins se calculent et se construisent exactement comme les embrayages à disques ; on ne les emploie pas, en fait, comme *freins énergiques* capables de provoquer rapidement l'arrêt d'un mécanisme chargé, mais plutôt comme *modérateurs de mouvement*, car leur puissance d'action est moindre que celle des freins à mâchoires ou à bande.

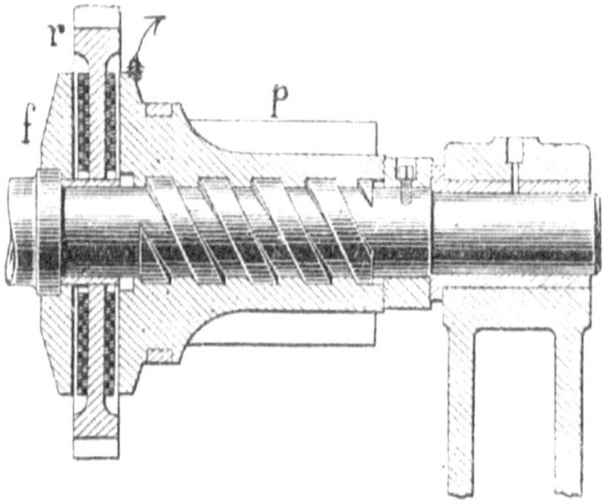

Fig. 111.

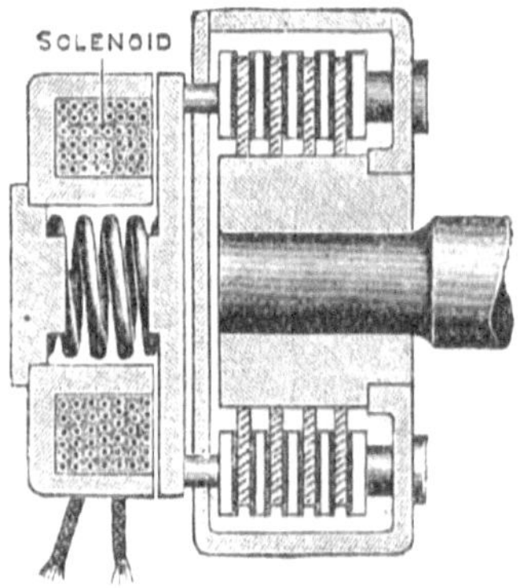

Fig. 111.

Fig. 111 et 112. – Freins modérateurs à plateaux en disques.

À titre d'exemple, nous avons représenté figure 111 un *frein automatique* à commande par vis à filet carré souvent employé sur les treuils et palans à chaînes ; la roue *r* peut tourner librement en entraînant le pignon denté *p* dans le sens de la flèche, mais le pignon denté *p* ne peut pas entraîner la roue *r* parce que la vis fait serrer fortement ce pignon contre la roue *r* et celle-ci contre la partie fixe *f*.

Ce mécanisme simple et sûr permet à la charge de rester suspendue automatiquement ; elle ne peut descendre qu'en agissant sur la roue *r*, ce qui débloque le frein. (Voir Palans à chaînes, vol IV. *Appareils de levage*.)

La figure 112 montre un frein à disques alternés commandé par un électroaimant ; construction identique à celle des embrayages électromagnétiques.

- VI -

Freins à segment élastique ou extensible

Le *frein Mégy* employé aussi comme organe d'embrayage comprend une lame d'acier à ressort, garnie de cuir, faisant pression et friction à l'intérieur d'une cuvette cylindrique : l'élasticité de cette lame est calculée pour que le produit P *f* de sa pression par le coefficient de frottement soit un peu supérieur à l'effort tangentiel nécessaire, de façon que la lame d'acier solidaire de l'arbre moteur entraîne l'arbre récepteur.

Pour faire cesser l'action de freinage ou d'embrayage, *Mégy* agissait sur ce segment élastique par des chaînettes de Galle et un manchon à fourchette. Ce mécanisme est actuellement remplacé par un système à coin, comme dans l'embrayage *Julien* décrit précédemment.

En résumé, dans cet appareil, le segment freine dès que le mécanisme de manœuvre cesse d'agir sur lui et la valeur de ce freinage est limitée d'avance par le constructeur qui a calculé l'élasticité du segment.

La figure 113 montre un frein à segment élastique de M. Julien, ne permettant la rotation de l'arbre moteur que dans un seul sens : une came n de forme spéciale est calée sur l'arbre moteur et entourée d'un segment d'acier à ressort garni de cuir, ou autre matière convenable, sur lequel sont rivés deux taquets en acier 1, 1. Le freinage se fait dans le tambour fixe *t t.* L'arbre *a* peut tourner dans le sens de la flèche, car alors la came accroche les taquets et entraîne le segment ; mais, dans le sens inverse à la flèche la came appuie sur les taquets et serre le segment contre l'intérieur du tambour *t.* Ce frein peut s'appliquer à des treuils pour tenir la charge suspendue. Pour changer le sens de rotation, on met en 2 les taquets 1 ; il suffit de retourner le ressort.

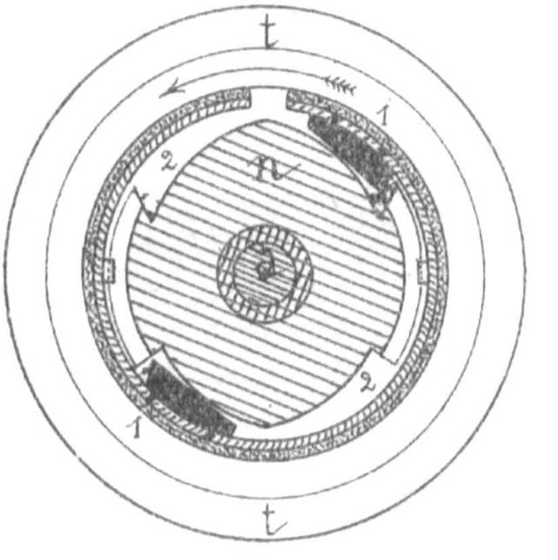

Fig. 113.

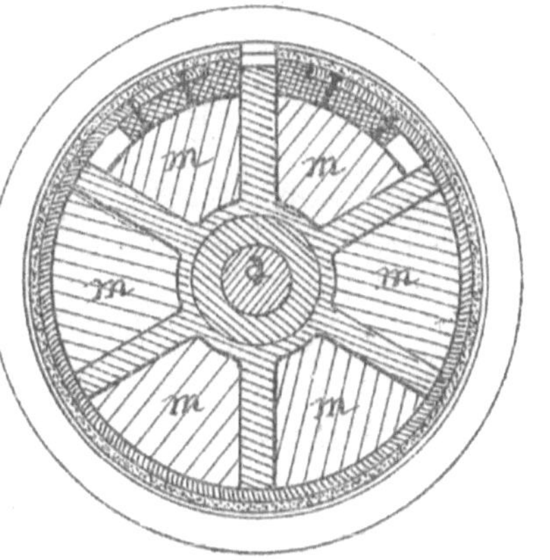

Fig. 114.

Fig. 113 et 114. – Freins automatiques.

La figure 114 représente un frein limiteur de vitesse au moyen de masses de fonte *m, m, m, m*, agissant par l'action de la force centrifuge sur un segment en acier à ressort garni de cuir ; si l'arbre moteur *a* dépasse une vitesse calculée d'avance, les masses *m, m, m*, appliquent le segment contre l'intérieur du tambour *t t*. (Communiqué par M. J. Julien, à Paris.) Cet appareil agit quel que soit le sens de rotation.

- VII -

Freins pour mines et ascenseurs

Les machines d'extraction des mines emploient plusieurs sortes de freins :

1. - *Le frein de service*, qui bloque la machine pendant les arrêts et sert au besoin à opérer son ralentissement vers la fin de chaque trait ;

2. - *Le frein de sécurité*, qui est destiné à arrêter la machine, si une irrégularité quelconque vient à se produire pendant la marche. Ils agissent tous deux sur les mêmes sabots et sur la même jante de frein, mais ils peuvent être actionnés indépendamment l'un de l'autre (fig. 115) ;

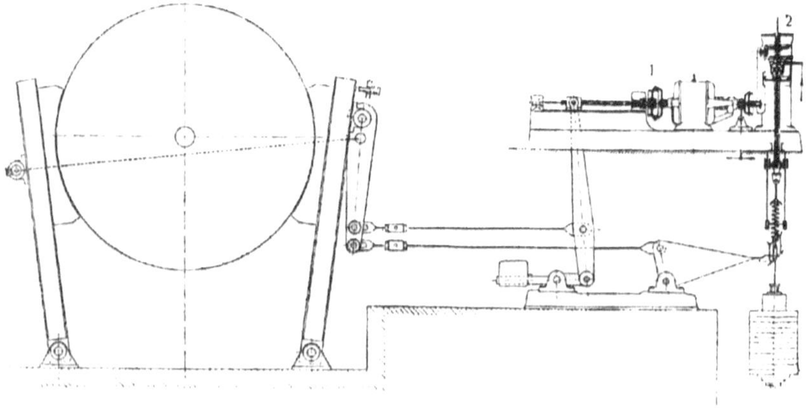

Fig. 115. - Freins de service et de sécurité (électriques).

3. - *Pour les machines d'extraction avec train d'engrenages,* on construit un troisième frein agissant sur l'accouplement entre le moteur et les engrenages. Celui-ci est relié au frein principal par un *tringlage* et doit freiner les masses du moteur et du train d'engrenages pour éviter aux roues dentées des contraintes exagérées.

La mise en action du frein de service et le relevage du poids du frein de sécurité se font encore aujourd'hui par l'air comprimé. Mais, comme on dispose toujours de l'électricité, on l'emploie directement à la commande des freins.

À titre d'exemple, nous décrivons le frein *Brown-Boveri* : pour serrer le frein de service, on accouple, par une friction, un petit moteur électrique, à marche continue, avec une tige filetée à pas allongé, sur laquelle se meut un écrou qui commande le tringlage du frein (fig. 115 et 116).

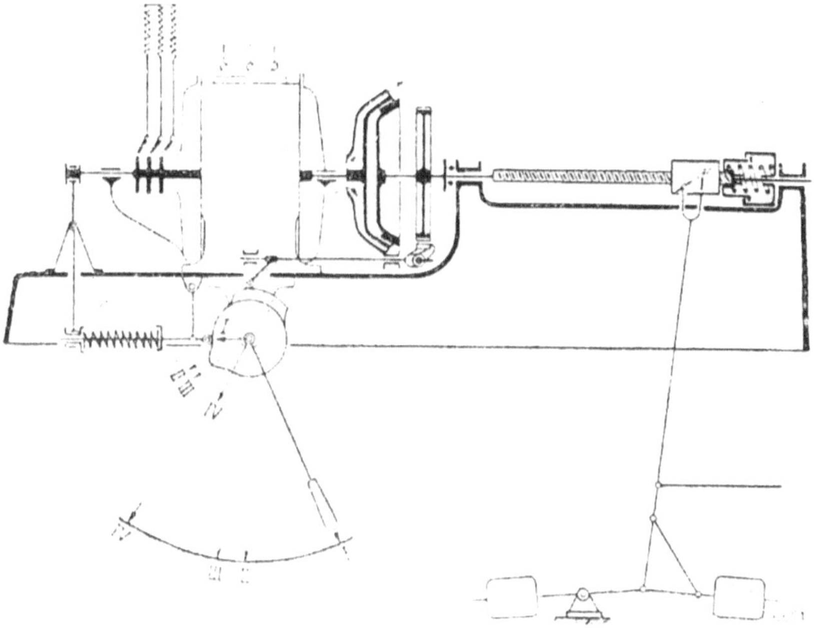

Fig. 116. — Détails du frein de service (électrique).

Le nombre de tours du moteur descend presque à zéro pendant le freinage, ce qui provoque un accroissement de la charge.

Une fois la machine arrêtée, on peut bloquer le frein de service par un *petit frein à bande* et l'on débraye le petit moteur électrique qui continue à tourner à vide ; on peut aussi l'arrêter en coupant le courant. Le desserrage s'opère par les mêmes opérations, mais dans l'ordre inverse. La tige de freinage filetée une fois libre, la crosse revient rapidement en arrière par suite de l'effort de traction exercé sur elle par le tringlage du frein.

La marche continue du moteur de freinage permet un serrage rapide du frein à n'importe quel moment du trait, la tige filetée étant portée presque instantanément au nombre de tours du moteur à cause de la valeur très réduite de son moment d'inertie. Le frein à moteur a un meilleur rendement que le frein de service à air comprimé. Il n'entraîne

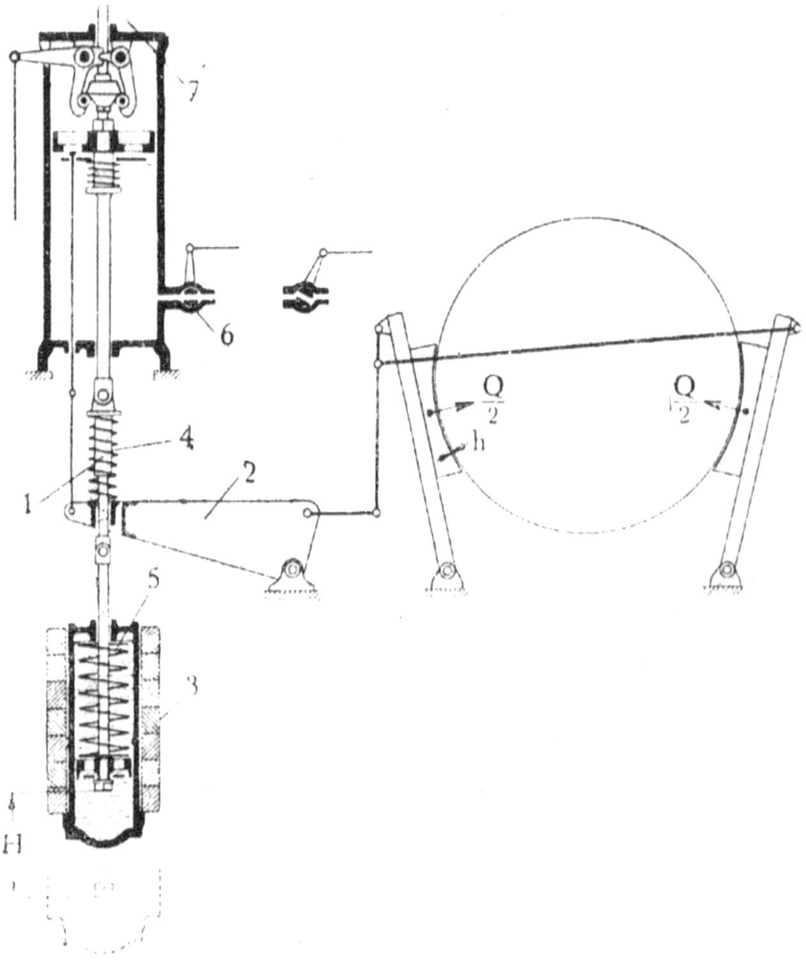

Fig. 117. — Détails du frein de sécurité (électrique).

une dépense d'énergie appréciable que pendant les périodes de freinage, la dépense d'énergie à vide étant négligeable.

Le frein de sécurité est un organe des plus importants, car il doit arrêter la machine en cas de danger ; son fonctionnement sûr et rapide peut éviter de graves accidents de matériel et de personnel. La commande en est faite par un poids qui tombe librement jusqu'à ce que les sabots viennent au contact avec la jante et, à ce moment, intervient un dispositif d'amortissement qui donne la valeur nécessaire au freinage.

Ceci est obtenu en intercalant des ressorts 4 et 5, figure 117, aussi bien entre la tige de suspension 1 du poids et le levier 2 du frein qu'entre le poids 3 et sa tige de suspension ; la liaison entre le poids et le levier du frein n'est donc plus rigide.

L'un des ressorts (4) transmet progressivement au levier du frein la force exercée par le poids et l'autre (5), en se comprimant, sert à détruire l'énergie cinétique du poids, qui continue sa course après que les sabots sont entrés en contact avec la jante. Le travail de détente du ressort est absorbé par un amortisseur à huile (4) portant les poids, de sorte qu'aucune oscillation ne se produit.

Le poids de freinage est maintenu levé par un plateau conique s'appuyant sur une paire de cliquets (7) ; les cliquets sont retenus par un électroaimant, adossé au chevalet de manœuvre. Dès que le circuit de cet électroaimant est coupé ou que son armature est arrachée mécaniquement, les cliquets s'écartent sous l'influence du poids de freinage qui tombe alors librement.

Fig. 118. – Frein de mine actionné par l'air comprimé.

Le relevage du poids peut, avoir lieu de différentes façons. Si l'on emploie le frein de service à moteur décrit précédemment, son moteur sert également au relevage du poids. Cet ensemble forme le frein combiné de service et de sécurité (fig. 115), comme on les emploie pour presque toutes les machines d'extraction de puissance importante.

Si le frein de service est au contraire un frein pneumatique, l'air comprimé sert également au relevage du poids. Dans ce cas, il faut laisser s'échapper du cylindre l'air ayant servi à relever le poids dès que celui-ci est retenu par les cliquets, autrement la chute suivante du poids serait amortie.

Commande indépendante. — La figure 118 montre la commande indépendante d'un sabot de frein de treuil de mine, construit par la Société Dujardin, à Lille ; la pression est faite par air comprimé.

Freins d'ascenseurs

Ces freins sont commandés soit par pression hydraulique ou d'air comprimé, soit par solénoïde électrique, selon le genre de force motrice qui alimente l'ascenseur.

La figure 119 représente un frein *Otis-Pifre*, commandé par solénoïde, agissant sur l'arbre du moteur électrique qui porte la vis sans fin du réducteur de vitesse du treuil de levage.

Fig. 119.— Treuil d'ascenseur avec frein électromagnétique.

- VIII -

Freins des véhicules attelés

La plus ancienne manière de freiner une voiture est d'enrayer une ou deux des roues, c'est-à-dire de fixer l'un des rais de la roue à une partie quelconque du chariot. L'embrayage ainsi fait, avec un bâton, des cordes ou des chaînes, *fatigue beaucoup les roues*, l'effort ne portant que sur un seul rai par roue.

Le sabot d'enrayage, utilisé par l'artillerie et les trains d'équipages militaires, est une plaque en fonte ou acier *b*, figure 122, reliée au limon par une forte chaîne *c* et un crochet à déclic *m*. Quand on fait monter la roue sur le patin d'enrayage, celui-ci glisse sur le sol et la roue ne tourne plus ; pour désenrayer, on lâche le déclic *m* et la roue passe par-dessus le sabot qui reste en arrière. Afin d'éviter la fatigue du conducteur, on pourvoit le sabot d'une deuxième chaîne ou cordage, attachée vers l'arrière du limon, auquel le sabot reste ainsi accroché après le désenrayage. Cette chaîne est indiquée en pointillé sur notre schéma.

Les défauts de l'enrayage sont :

1. - de fatiguer considérablement le cheval de limon si l'on n'enraye qu'une seule roue ; pour y remédier, il faut enrayer les deux roues arrière ;
2. - plus la pente du sol est rapide, moins le freinage est grand : ceci est la conséquence de la théorie du plan incliné, sur lequel l'effort dû au frottement varie comme le cosinus de l'angle de pente, lequel est maximum sur terrain horizontal et tend vers zéro quand la pente se rapproche de la verticale.

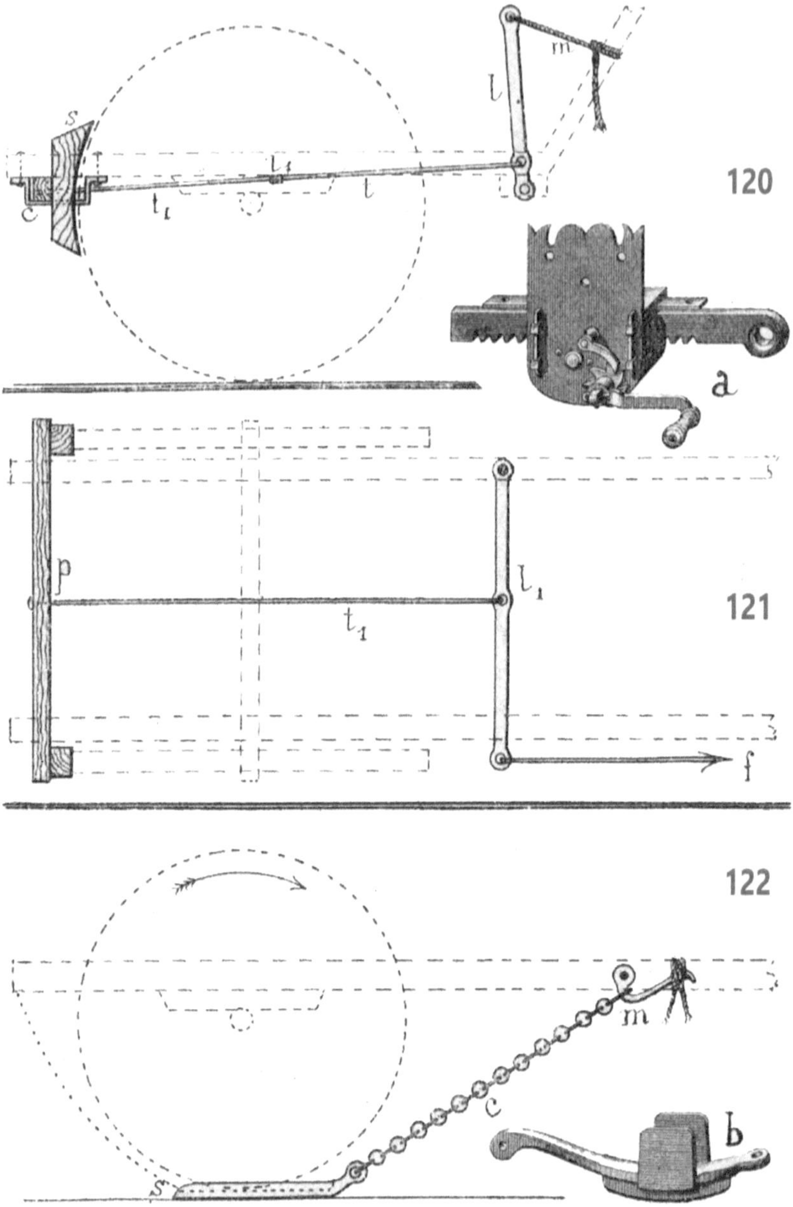

Fig. 120 à 122. – Freins pour voitures attelées.

Le frein employé sur les chariots des paysans est représenté figures 120 et 121 ; deux patins ou sabots en fer, fonte ou bois, sont portés par une traverse *c* qui glisse sur deux étriers en fer plat ; on agit sur le milieu de ce palonnier par une tringle t_1 et un levier horizontal l_1, figure 121. Dans les chariots primitifs, l'effort est donné par un levier *l* que l'on amarre par une corde *m* à l'une des ridelles du chariot, figure 120.

Pour le freinage des gros fardiers, binards et chariots, on remplace le simple levier *l* par un *cric d'enrayage* représenté en *a*, figure 120 (cliché Lemoine, à Paris).

Le choix de la matière qui forme les patins de freins n'est pas indifférent : les meilleurs sont ceux en bois de peuplier qui ont un coefficient de frottement élevé, et n'usent pas les bandages des roues. Ils s'usent eux-mêmes assez vite, mais coûtent peu ; ils ont le défaut d'être encombrants et laids. Ceux en fer usent les bandages.

Pour les voitures de luxe, on emploie le même système de palonnier, tringles et levier, mais la traction de freinage est faite par une vis ou par un levier en acier avec secteur denté et arrêt à ressort ; les figures 123 à 130 montrent quelques-uns de ces dispositifs ainsi que des sabots de frein en fonte et en composition élastique dite *The silent,* d'après M. Lemoine, à Paris.

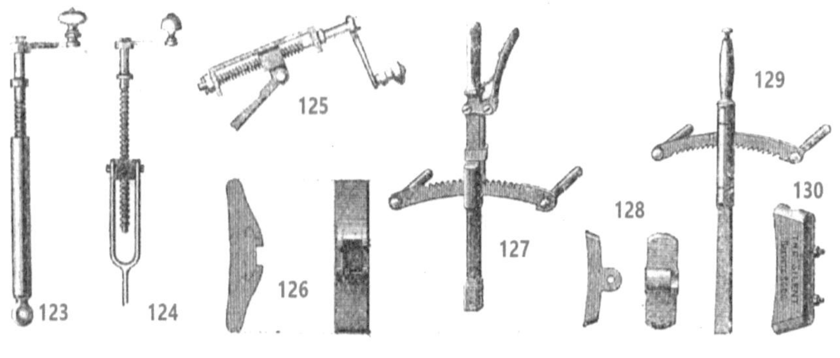

Fig. 123 à 130.— Commandes et sabots de freins pour voitures.

La figure 157 représente un sabot avec garniture en Ferodo.

Dans ces voitures, les patins sont portés par des leviers articulés sur pivots, afin de supprimer le bruit.

L'avantage des garnitures élastiques est de supprimer le bruit de crissement si désagréable des sabots métalliques et de ne pas produire d'étincelles, ce qui est important quand les voitures sont affectées au service de poudrières. Le coefficient de frottement de ces garnitures avec les bandages est bien plus grand que celui de fer sur fer et elles usent peu les bandages des roues.

Les charretiers connaissent bien ces particularités : ils placent des vieux souliers sur leurs sabots de frein pour en augmenter l'efficacité ainsi que la durée.

Un système de freinage agissant directement sur le sol est employé dans certaines régions montagneuses et sur les traîneaux ; il est représenté figure 131 par un long levier *l* portant un patin *p* qui frotte sur le sol quand on agit sur la corde de traction *t* au moyen d'un deuxième levier, d'une vis ou autre système. Ce procédé a l'inconvénient de détériorer la route.

Quand le sabot *p* doit agir sur la glace, on le munit de griffes convenablement disposées.

Calcul des freins à sabots.

Nous écrirons que la force vive du véhicule est égale au travail absorbé par le frottement des sabots pendant la période de freinage.

Soit :

- P le poids du véhicule ;
- V sa vitesse en mètres par seconde, qui est égale à la vitesse en kilomètres à l'heure divisée par 3,6 ;
- *t* le temps donné pour obtenir l'arrêt du véhicule ;
- *f* le coefficient de frottement, dans l'état de mouvement, des patins sur les bandages des roues ;
- *p* la pression totale des sabots sur les jantes.

  (La vitesse à la jante des roues est égale à la vitesse du véhicule sur la route.)

Nous aurons :

$$\frac{1}{2} \times (P / 9{,}81)\, V^2 = p f v t$$

d'où l'on déduit l'effort à exercer sur les sabots pour arrêter le véhicule dans un temps *t* exprimé en secondes :

$$p = PV / (2 \times 9{,}81 f t)$$

S'il y a deux sabots sur deux roues arrière, comme c'est l'usage, l'effort à exercer sur chaque sabot pendant le temps *t* est la moitié de celui ci-dessus.

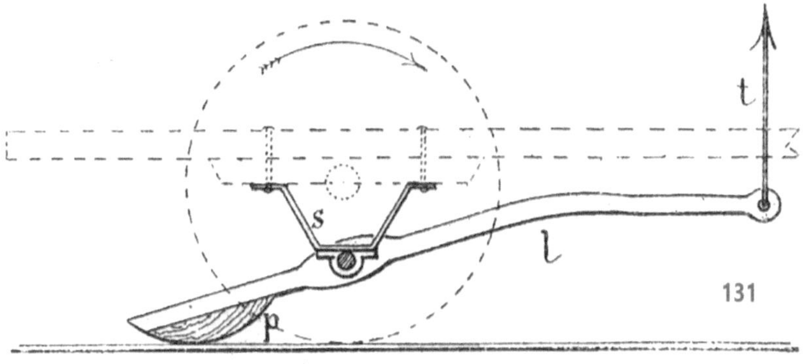

131

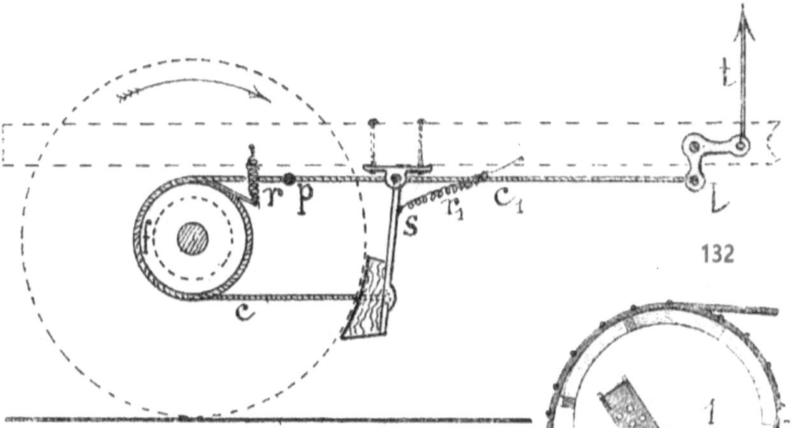

132

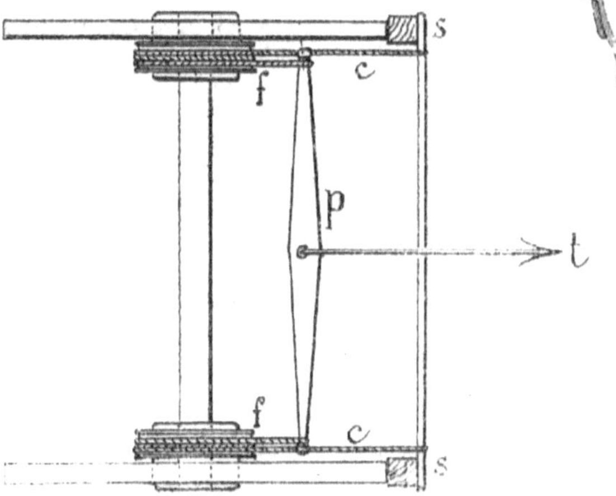

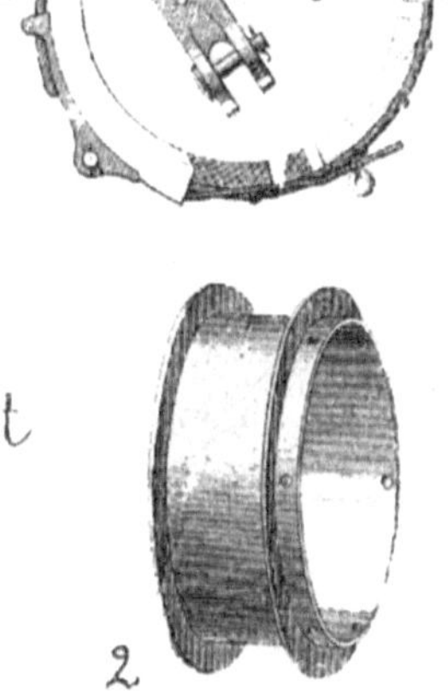

133

Fig. 131 - Freins à patin sur le sol.
Fig. 132 et 133 - Servofrein Lemoine.

Une fois déterminée la charge de freinage, on peut calculer les leviers et tringles, d'après les règles usuelles de la résistance des matériaux.

Servofrein du capitaine d'artillerie Lemoine

Cet officier a eu l'idée d'utiliser la force vive des véhicules pour produire un freinage extrêmement énergique. Après avoir été appliqué aux affûts des canons, le frein Lemoine a servi longtemps sur les omnibus de Paris et il est encore employé sur de nombreux véhicules à traction animale. Les figures 132 et 133 le représentent en élévation et en plan : sur chaque moyeu, des roues arrière sont calées des frettes à joues (2) *ff* sur lesquelles s'enroulent des cordes de chanvre ou câbles d'acier portant des patins en bois dur dont on voit le détail en 1.

La corde fait deux ou trois tours sur la frette à joues et s'accroche d'un bout sur le sabot de frein *s* et, d'autre part, à un palonnier *p* sur lequel agit le cocher par l'intermédiaire de tringles et de renvois *c1, t, l* convenablement disposés.

La rotation de la roue agit pour enrouler la corde sur la frette à joues et serre fortement le frein ; pour desserrer on dispose des ressorts *r r1* rappelant en arrière les sabots de frein et les cordes qui perdent leur adhérence aux frottes dès que l'effort du cocher cesse sur le palonnier *p* : cet effort est bien plus faible que celui à faire sur des freins ordinaires et le freinage est *instantané*, ce qui est très important pour éviter certains accidents.

Les cordes *c* ont 18 à 22 mm de diamètre, *goudronnées* ; les sabots en bois y sont fixés par des vis et de larges rondelles ou plaquettes en fer galvanisé entre les têtes de vis et la corde.

On voit en 1, figure 132, le détail de construction d'un de ces freins (Cliché Lemoine à Paris.)

- IX -

Freins des voitures automobiles

On met généralement :

1. – Un frein à ruban ou à mâchoires agissant sur l'arbre de transmission qui relie la boîte des vitesses au différentiel ;

2. – Deux freins à mâchoires intérieures sur les deux roues arrière, équilibrés par un palonnier et des tringles réglables en longueur par des manchons à deux pas contraires.

Ces trois freins ne présentent rien de particulier et sont conformes aux modèles déjà décrits dans ce volume ;

3. – Deux freins à mâchoires intérieures sur les moyeux des deux roues avant. Les plateaux fixes de ces freins sont montés sur la chape à pivot qui supporte la fusée d'essieu et les cuvettes de friction sont boulonnées sur les moyeux des roues avant. L'ensemble de ces freins est donc mobile par rapport au plan vertical du châssis d'où une difficulté dans le mécanisme de commande de ces freins.

De nombreux brevets ont été pris pour résoudre ce problème d'agir à volonté sur le frein, quelle que soit la position de la roue avant par rapport au châssis. Il faut, naturellement, que le mécanisme du frein ne soit pas influencé par le braquage des roues avant et que les tringles de commande des freins avant puissent être reliées à la timonerie des freins arrière, de façon qu'une seule pédale actionne les freins des quatre roues également et simultanément.

Le frein Perrot, l'un des premiers construits, est représenté en coupe, figure 134 ; c'est un frein à mâchoires intérieures dont l'écartement est obtenu par une came elliptique commandée par un *joint de Cardan*

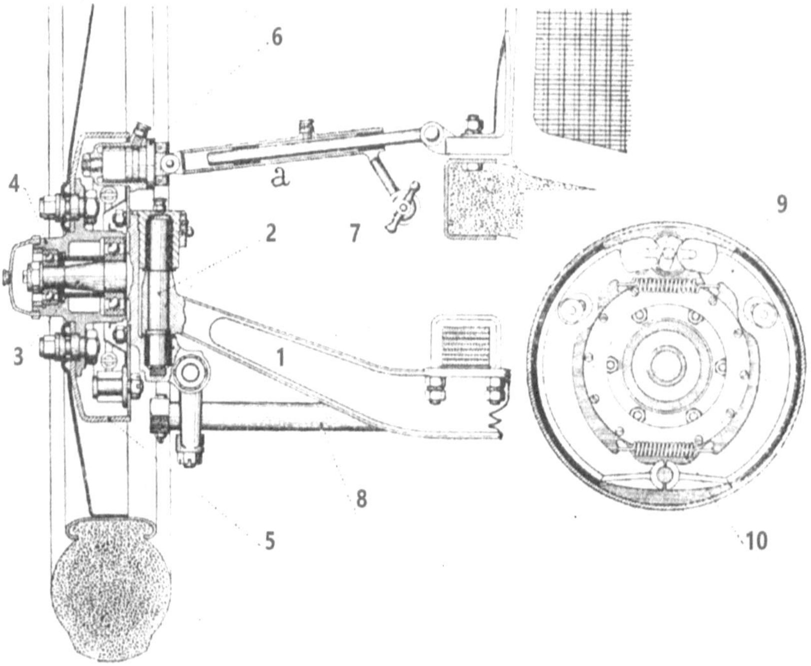

Fig. 134. — Frein avant Perrot.

et une *tringle à coulisse a* ; en faisant tourner cette tringle a sur elle-même, au moyen de la barre de timonerie dont la longueur est réglable par une manette 7, on fait tourner d'autant la came elliptique du frein à mâchoires ; le braquage des roues fait pivoter le joint de Cardan et allonger la coulisse *a*, mais ne la fait pas tourner sur elle-même : il est donc sans action sur le frein dont l'action ne peut être obtenue que par le va-et-vient de la manette 7.

Les figures 135 et 136 montrent en coupe et en perspective le frein avant d'une voiture *Hotchkiss* 1926 ; la commande est faite par une tige verticale *t*, articulée sur rotules et réglable en longueur par filets de vis et écrou de blocage *b* ; le mouvement est donné à cette tige *t* par un levier m_2 relié à la timonerie des freins et transmis à la came du frein par un levier m_1 dont l'articulation avec la tige verticale est *très rapprochée de l'axe de pivotement* de la roue : ainsi, le braquage des roues n'a aucun effet sur l'état de serrage du frein.

Le frein Hersot, construit par M. Lemoine, à Paris, est commandé par un flexible (voir volume VI) qui ne nécessite pas absolument la position

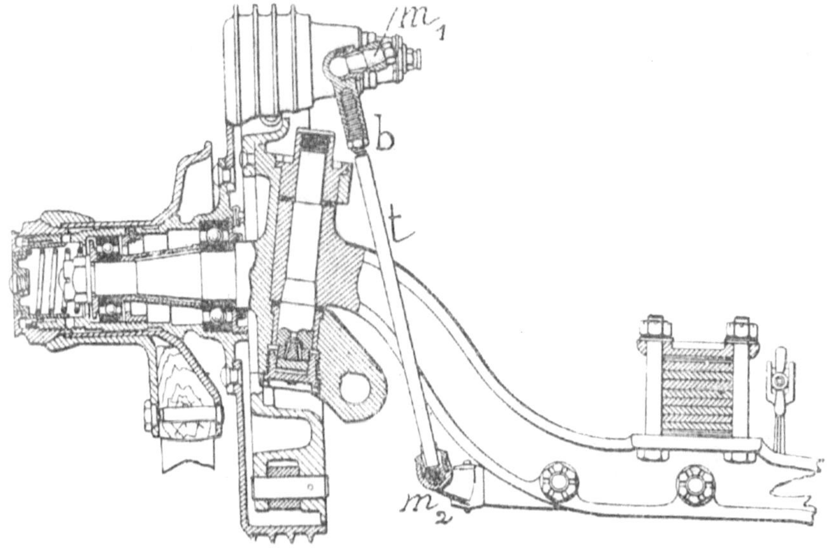

Fig. 135. — Détails du frein avant Hotchkiss.

de la rotule de commande dans l'axe du pivot de braquage de la roue. Grâce à ce flexible, le frein n'est influencé ni par la flexion des ressorts, ni par le braquage des roues ni même par une torsion de l'essieu (fig. 137).

Fig. 136. - Frein avant Hotchkiss.

La timonerie actionne directement, au moyen du levier B, l'arbre flexible A. Celui-ci, pouvant tourner et coulisser librement dans le support K formant corps avec l'essieu vient, par l'intermédiaire d'une rotule D et d'une came E, ouvrir les mâchoires M et assurer le freinage avec progressivité.

Organes de commande.

Le palonnier figure 133 est généralement remplacé par un axe pivotant muni de leviers dits leviers à sonnettes qui sont réunis par des tringles ajustables en longueur, au moyen d'un manchon à vis à pas contraires et écrous de blocage, respectivement aux freins et à l'organe de manœuvre.

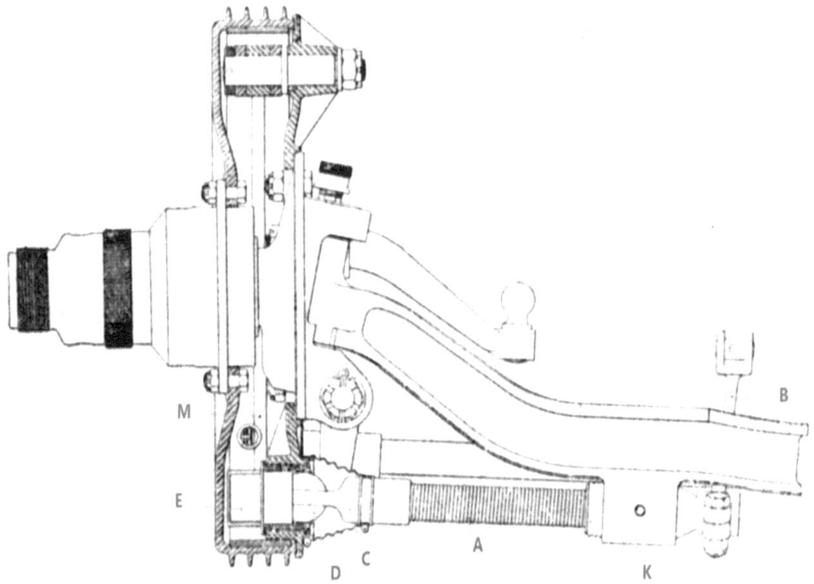

Fig. 137. – Frein avant Hersot-Leinoine.
Levier de commande B. - Arbre flexible A. – Support de l'arbre K. – Fourchette C. – Rotule D. – Came E. – Mâchoires M.

Le frein de différentiel est commandé par la pédale de débrayage qui agit en même temps sur l'axe à leviers qui commande les freins des roues avant ; les freins sur les roues arrière sont actionnés par un levier à la main droite du chauffeur ; ce levier peut agir aussi, en même temps, sur les freins des roues avant.

Voir page 185 le frein Westinghouse pour automobiles.

On emploie aussi pour la commande des freins d'automobiles une transmission par pression d'huile : une pompe fait circuler l'huile dans un cylindre avec piston ; si l'on ferme un orifice, la pression d'huile chasse le piston qui serre les freins.

- X -

Freins à circulation d'un liquide

Si l'on conçoit une pompe rotative aspirant et refoulant constamment le même liquide dans une tuyauterie courte et complètement fermée, il est évident que l'arbre moteur de cette pompe n'éprouvera qu'une résistance presque nulle, *si le diamètre de la tuyauterie est assez grand* ; mais si l'on ferme plus ou moins le passage offert au liquide, celui-ci éprouvera une résistance que la pompe devra vaincre et qui déterminera un freinage plus ou moins énergique sur l'arbre moteur ; si l'orifice est complètement fermé, l'arbre sera bloqué.

Ce principe très séduisant à première vue rencontre de nombreuses difficultés dans sa mise en œuvre industrielle : fuites aux presse-étoupe, *échauffement* du liquide par sa circulation continue, *pertes* par évaporation ou fuites, *différences de viscosité* selon la température, etc. ; c'est pourquoi les freins et embrayages à liquide n'ont pas encore reçu de nombreuses applications.

Lorsque le freinage par un liquide est réduit à un *mouvement alternatif non continu,* la plupart des inconvénients peuvent être éliminés, c'est pourquoi les freins à liquide ont été utilisés comme *amortisseurs de chocs.*

Le plus connu est le *frein hydraulique* dit aussi *frein hydropneumatique* appliqué à l'amortissement du recul des pièces de canon ; nous le représentons d'une façon élémentaire dans la figure 138 ; un piston *p* dont la tige est reliée par une crosse *s* à l'affût *a* du canon, agit dans un cylindre *c* complètement clos et solidaire d'un point immobile.

Ce cylindre *c* est entièrement rempli d'un liquide. Pour que le piston *p* puisse se déplacer dans le cylindre *c*, il faut que le liquide passe par un ou plusieurs orifices t percés dans ledit piston. Quand le mouvement du piston p est lent, le liquide a le temps de s'écouler par l'orifice t et sa résistance ne se fait pas sentir ; mais si la tige du piston reçoit un choc brusque et violent, le liquide ne passe pas assez vite pour que le piston se déplace et le choc est amorti.

Quand on désire faire varier la valeur de cette puissance d'amortissement suivant la position du piston dans le cylindre, on pratique, aux endroits voulus, des rainures dans le cylindre, de façon à offrir au liquide un passage supplémentaire.

Si l'on désire que l'effet d'amortissement ne se fasse sentir que dans un seul sens, ce qui est le cas pour le recul des canons, on donne à l'orifice t une section assez grande et on y met une soupape, comme on le voit figure 139, qui limite plus ou moins selon son degré d'étanchéité, le passage du liquide dans le sens où doit se faire le choc à amortir.

J'ai dessiné jadis un amortisseur à liquide ne comportant pas de presse-étoupe soumis à la pression, donc pas de possibilité de pertes de liquide ; cet appareil est représenté figure 139. Il comporte un cylindre c_1 fermé en bas par un fond qui porte une tige de piston t et un piston p qui agit dans un autre cylindre c_2 fermé en haut par un fond plein et, en bas, par un disque glissant à frottement doux, sans presse-étoupe, contre la tige t du piston p. Dans le fond du cylindre c_1 on met un peu de liquide en réserve et le cylindre c_2 est entièrement rempli de liquide par le bouchon hermétique k, alors que le piston p est à fond de course basse.

Selon les efforts faits sur les deux anneaux extérieurs de l'appareil, le liquide passe de c_2 en e ou inversement par des orifices ou des soupapes ménagées dans le piston p ; ces soupapes, constituées par des petites billes, s'ouvrent dans un sens ou dans l'autre, suivant que l'on veut donner à l'appareil une action prépondérante à la traction ou à la compression.

La réserve de liquide, laissée en *hh*, permet au cylindre c_1 de compléter sa charge quand il vient à fond de course en bas. Une tige évidée t_1 centrale à la tige t permet un réglage de la force de freinage de l'appareil par l'ouverture plus ou moins grande d'orifices *oo*, qui mettent en communication le cylindre c_2 avec la réserve d'huile *hh* par l'intérieur de la tige du piston.

J'ai confié ce dessin, en 1925, à un constructeur d'amortisseurs pour automobiles, j'ignore s'il a expérimenté cette invention qui doit donner de bons résultats.

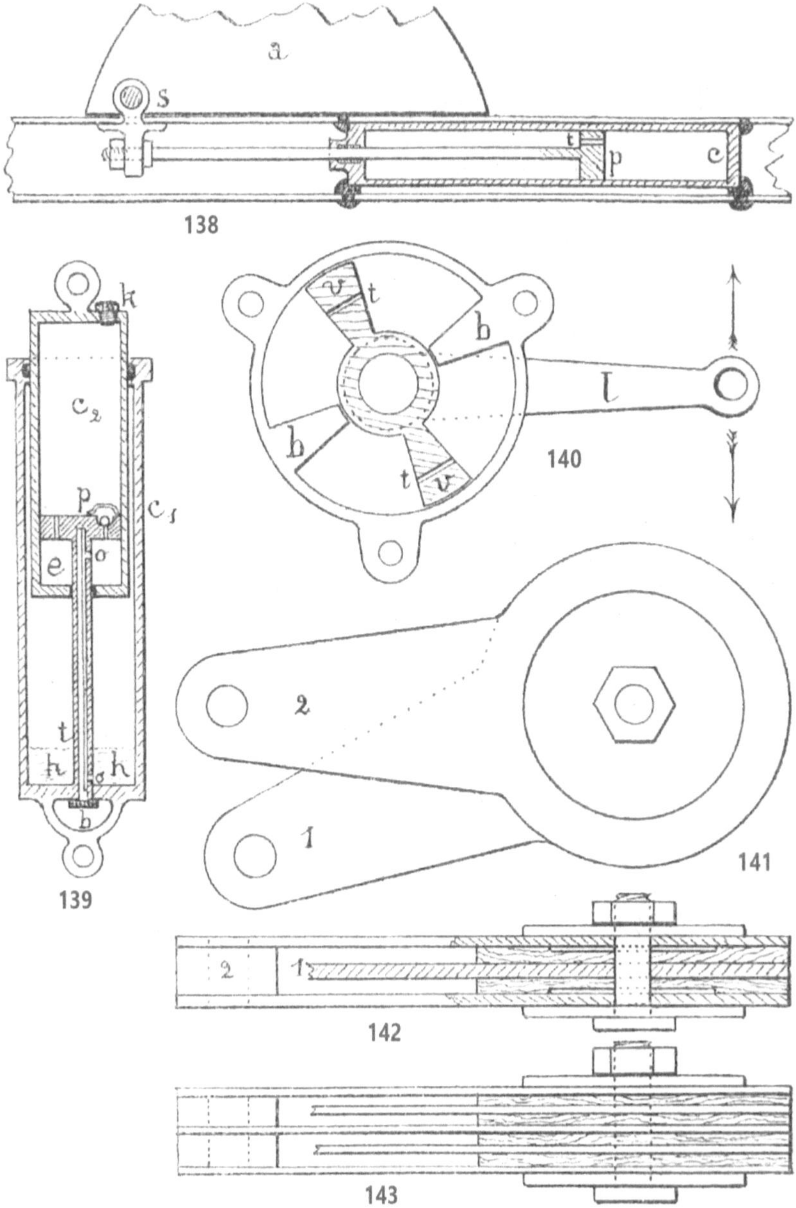

Fig. 138 à 143. – Amortisseurs-freins.

Lorsque les freins ou amortisseurs à liquide sont entièrement remplis de liquide incompressible par sa nature même, ils ont une action extrêmement brutale qui va jusqu'à faire éclater les enveloppes dans lesquelles se produit la compression, ou à provoquer l'allongement de leurs boulons de fixation aux bâtis ou châssis ; pour donner à ces appareils une certaine souplesse, on y admet une petite quantité d'air, dont l'élasticité compense l'incompressibilité du liquide.

Les liquides employés ne doivent pas varier de viscosité selon la température et résister à la gelée et à l'action vaporisante de la chaleur ; l'eau additionnée de glycérine remplit bien ces conditions ; mais, comme ce mélange est assez fluide, il ne convient qu'aux appareils contenant un assez grand volume de liquide, tel que ceux représentés figures 138 et 139.

Dans les amortisseurs de suspension pour automobiles, employant ce principe, dont le volume intérieur est très petit, on met de l'huile de naphte ou de ricin ou de la glycérine pure qui ont l'inconvénient grave de devenir très épais par le froid et très fluides par la chaleur, ce qui rend ces appareils très durs en hiver et inopérants en été, à moins de réglages continuels et délicats.

L'huile de pin ou l'huile de résine ont une température de congélation inférieure à 24 degrés au-dessous de zéro ; ces huiles donnent de bons résultats dans les freins et amortisseurs, mais elles contiennent, lorsqu'elles sont impures, des acides organiques dont il faut les débarrasser par un traitement chimique approprié : par exemple, ébullition avec une quantité convenable de carbonates alcalins.

- XI -

Amortisseurs de suspension pour véhicules

Ces amortisseurs sont des freins interposés entre le châssis et les essieux pour empêcher le rebondissement des ressorts de suspension lorsque les roues ont passé sur un obstacle ou se sont enfoncées dans un caniveau. Nous n'avons pas ici l'intention d'analyser les réactions des ressorts dans les divers cas se présentant sur la route ; nous dirons seulement qu'il en résulte une série *d'oscillations de grande amplitude* qui s'ajoutent les unes aux autres si les obstacles ou les trous se succèdent à certains intervalles. Ces flexions exagérées des ressorts fatiguent beaucoup les voyageurs et le mécanisme elles peuvent briser les maîtresses lames des ressorts.

Pour limiter l'amplitude des flexions et des réactions des ressorts, de très nombreux appareils ont été proposés : les plus anciens sont ceux de M. Truffault, qui agit par friction d'une rondelle de cuir entre deux disques métalliques et de M. Renault, qui employait un frein à liquide comportant deux cylindres et deux pistons sur le même axe[(6)].

Pour avoir une idée de l'influence d'un amortisseur sur un ressort, considérons les deux diagrammes figures 144 et 145, dans lesquels les lignes verticales représentent les temps par demi-seconde et les lignes horizontales, les hauteurs des fléchissements et rebondissements de deux en deux centimètres ; ils ont été relevés sur un même ressort semi-elliptique de 1,40 m de longueur, chargé de 420 kg lui imposant une flexion de 14 cm ; la charge était supprimée brusquement et, selon le

(6) On trouvera la description de ces anciens appareils dans le *Cours Complet d'automobilisme* de M. le Capitaine D. Renaud, ainsi que la discussion des flexions et réactions des ressorts.

diagramme figure 144, le ressort libre effectuait huit rebondissements et huit flexions successives avant de revenir à sa position d'équilibre ; ces oscillations duraient environ quatre secondes.

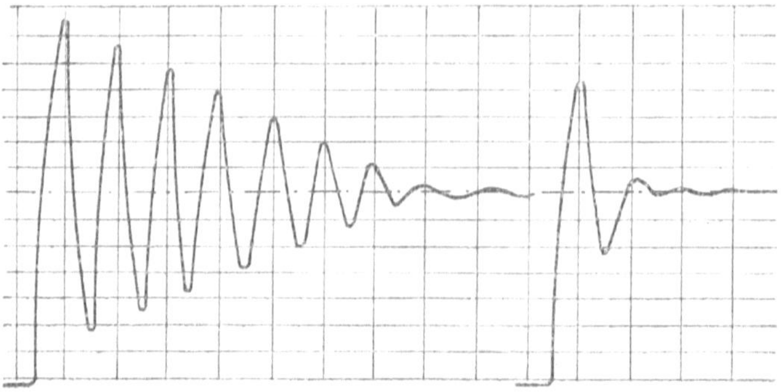

Fig. 144. **Fig. 145.**

Le diagramme figure 145 est relevé, dans les mêmes conditions et sur le même ressort, muni d'un amortisseur à friction : la période des deux oscillations ne dure que trois quarts de seconde, et les réactions ont une amplitude moitié moindre, que celles du ressort non amorti.

La figure 140 montre le principe d'un amortisseur à liquide, tel qu'on le construit actuellement : c'est une enveloppe cylindrique, divisée par des plots fixes *bb*, dans laquelle oscille un axe portant une ou deux palettes *vv* percées d'orifices libres *tt*, ce qui donne le même freinage à la flexion et au rebondissement du ressort. La boîte cylindrique peut être posée indifféremment sur le châssis ou sur l'essieu. Si l'on munit les orifices *tt* de soupapes, comme figure 139, on peut rendre le freinage plus énergique à la réaction qu'au fléchissement du ressort.

L'inconvénient grave de ces appareils est signalé par M. le Capitaine D. Renaud dans son *Cours Complet d'automobilisme* : « *Ils s'opposent à des oscillations rapides et, par suite, si l'on rencontre successivement plusieurs dénivellations rapprochées, les ressorts sont de plus en plus bridés et l'on risque même d'en annihiler complètement l'action momentanément.* »

Ces freins à liquide ont quelquefois une action très brutale ; nous connaissons des cas où ils ont déformé et brisé des flasques de châssis en tôle emboutie. Enfin ils demandent des réglages et des remplissages fréquents, pour les causes énumérées au début de ce chapitre et leur entretien est souvent très difficile car ils sont presque toujours placés sous la carrosserie et peu accessibles.

La figure 146 montre un amortisseur à liquide que l'on fixe par deux boulons sur le châssis et dont le bras d'action est relié à l'essieu par une tige articulée à rotules, réglable en longueur par filets de vis et écrous de blocage ; M. Derihon, constructeur de cet appareil, a paré aux inconvénients ci-dessus en mettant des ressorts amortisseurs de choc dans les boîtes des rotules d'accouplement et en réservant la moitié de la capacité du cylindre à une provision d'huile qui évite les remplissages trop fréquents.

Fig. 146 — Amortisseur à liquide.

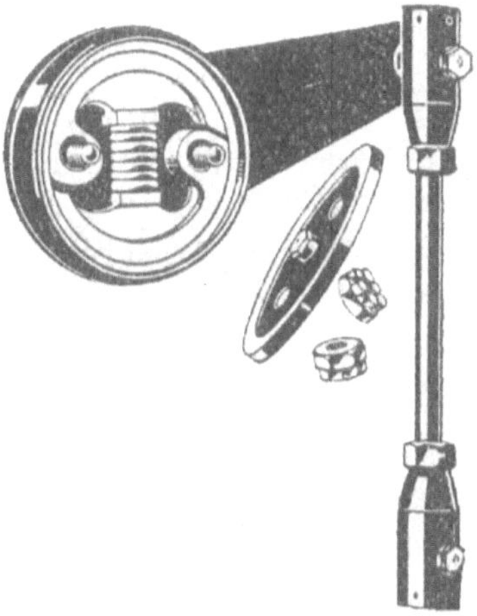

Fig. 147. — Amortisseur à friction.

Les amortisseurs à friction sont de construction bien plus simple que les précédents, plus faciles à entretenir et à régler et donnent bien plus de confortable à la voiture, car leur freinage n'est pas brutal et se fait généralement *dans les deux sens*, c'est-à-dire qu'ils s'opposent d'abord au *fléchissement exagéré* du ressort au passage de l'obstacle et empêchent ensuite le *redressement trop rapide* des lames élastiques.

J'ai fait de nombreux voyages dans des voitures munies de l'un et l'autre système et l'avantage est nettement aux amortisseurs à friction, freinant dans les deux sens, ce qui est logique car, si le ressort s'affaisse librement il s'affaisse trop et rebondit bien plus ensuite que s'il a été modéré dans sa flexion primitive.

M. le Capitaine Renaud, qui a spécialement étudié ces questions, conseille d'adopter, avec les amortisseurs à friction, des ressorts plus souples que ceux employés sans amortisseurs. Ceci est parfaitement rationnel puisque ces ressorts sont freinés, c'est-à-dire durcis, par l'amortisseur.

Le plus simple amortisseur à friction est celui dit à compas, représenté figures 141 et 142 : il se compose d'une branche (2) formée de deux flasques en tôle de 2 ou 3 mm d'épaisseur et d'une autre branche (1) formée d'une seule feuille de tôle plus épaisse, 3 à 4 mm.

Entre les feuilles de tôle sont interposées des rondelles de bois imprégné de paraffine ou de bakélite ou des rondelles de Ferodo ou similaires ; le tout est serré par un boulon avec, généralement, interposition de rondelles Belleville ou élastiques entre la tête du boulon, l'écrou et les flasques de tôle.

Les meilleurs bois à employer pour les rondelles de friction sont le hêtre, le platane et l'érable-sycomore ; elles doivent être imprégnées à cœur afin de ne pas subir l'influence de l'humidité.

Voici les dimensions usuelles des amortisseurs à friction :

	Voitures de 5 à 12 HP	Voitures de 15 à 30 HP
Diamètre des rondelles	92	125
Épaisseur des rondelles	5	6
— des tôles extérieures	2	2,5
— des tôles intérieures	3	3,5
Longueur des flasques d'axe en axe des trous *a-b'*	190	220
Diamètre du boulon	14	16
Pas du filetage du boulon	1,50	1,50

(Le filetage à pas fin évite le desserrage par la trépidation.)

Pour augmenter la puissance de freinage, on peut constituer l'amortisseur par trois flasques à l'un des bras et deux flasques à l'autre bras, donc quatre rondelles de friction, comme le montre la figure 143. On peut ainsi, *avec une seule série d'éléments*, faire des amortisseurs ayant des capacités différentes de freinage.

L'articulation des bras avec le châssis et avec l'essieu a fait l'objet de nombreux brevets ; on y a employé des accouplements genre Cardan ; à billes ou galets ; à simple pivot, ce qui a l'inconvénient de faire subir aux tôles un travail de torsion par suite des déplacements relatifs du châssis avec l'essieu. Le meilleur accouplement serait celui à rotule dont nous avons parlé dans notre volume I. (Il a été pris à ce sujet un brevet français n° 591.254 par mon fils Henri Champly.)

La forme des rondelles de friction est très importante pour le bon rendement d'un amortisseur : quand on les fait planes à faces parallèles, la périphérie s'use rapidement et le serrage ne se fait plus que sur le centre, ce qui n'est pas efficace.

La *Compagnie d'Applications mécaniques* a construit un appareil très rationnel (figures 148 et 149), dans lequel la friction se fait sur des parties tronconiques, la pression étant donnée par un ressort intérieur B.

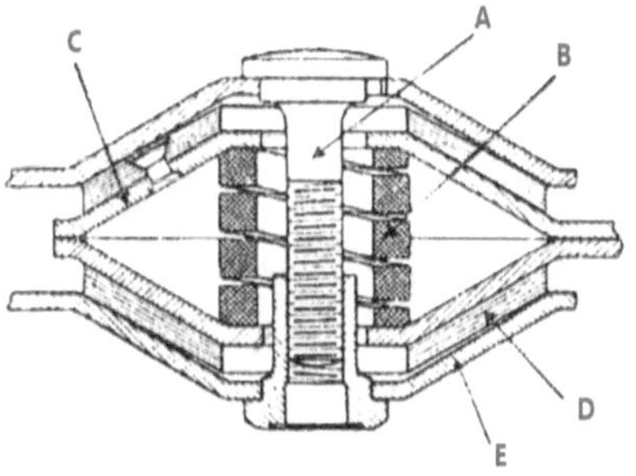

Fig. 148.

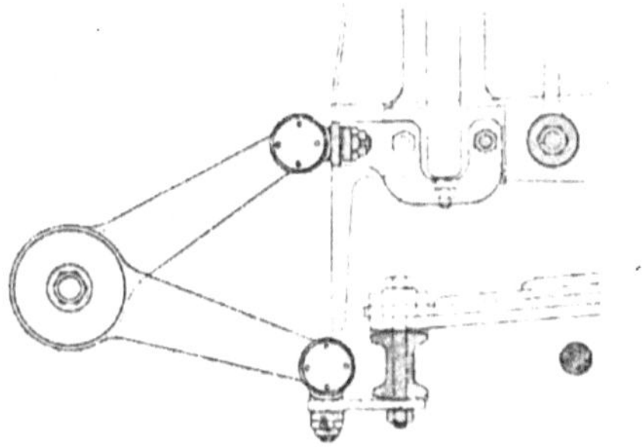

Fig. 148.

Fig. 148 et 149.— Amortisseur à compas R. A. E.

J'ai moi-même étudié avec mon fils Henri un amortisseur à friction représenté figure 150 (brevet français n° 586.453) dans lequel les flasques extérieurs sont emboutis à une courbure plus accentuée que celle des rondelles de bois, ce qui fait que la friction se fait toujours vers la circonférence aux points où son freinage est le plus énergique.

Cet amortisseur, figure 150, comporte un ressort de serrage automatique *r* du boulon d'assemblage. Nous en avons fait d'excellents essais qui nous ont permis de conclure à la nécessité de lubrifier les surfaces de friction au moyen de *graisse graphitée*, ce qui rend nulle leur usure : à cet effet, nous avons percé le boulon d'un trou graisseur *g*.

Certains constructeurs ont réalisé l'amortisseur à friction par un frein à mâchoires intérieures ; la figure 147 montre un appareil de ce genre par M. Jauget, à Paris.

Le frein peut être disposé dans ces appareils pour agir dans les deux sens ou dans un seul sens. Nous avons dit plus haut notre opinion à ce sujet.

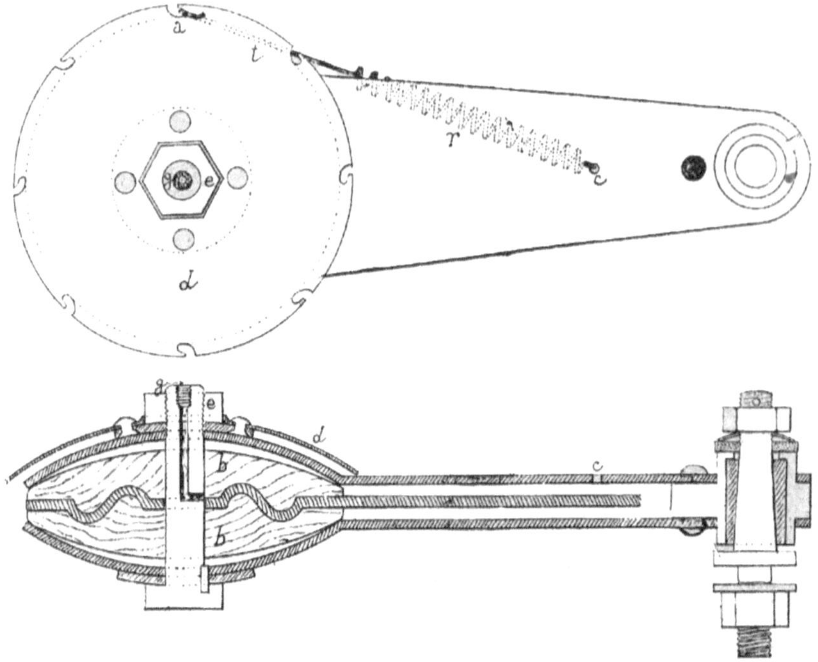

Fig. 150.– Amortisseur Champly.

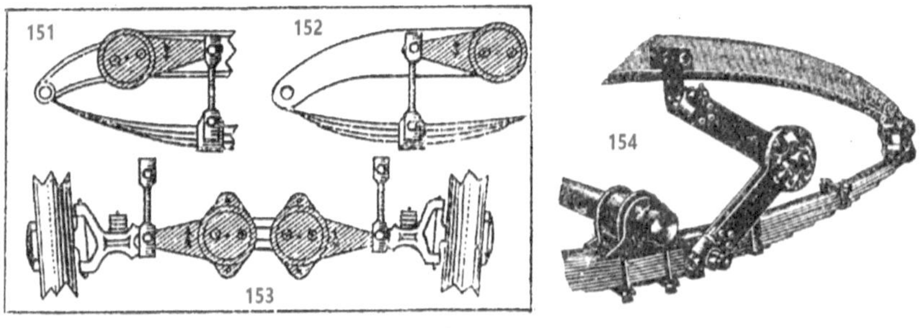

Fig. 151 à 154. – Montage des amortisseurs.

Les figures 151 à 154 montrent les différentes manières de monter les amortisseurs entre l'essieu et le châssis :

- Figures 151 à 153. — Amortisseurs à bielle fixés soit sur le châssis soit sur l'essieu (Jauget).
- Figure 154. — Amortisseur à compas, entre le châssis et l'essieu avec ressort à rouleaux. (Hartford.)
- Figure 149. — Amortisseur à compas, entre le châssis et l'essieu avec ressort cantilever. (R. A. F.)

L'efficacité d'un amortisseur à friction est bonne lorsque ses bras se meuvent sous un effort de :

15 kg	pour	une	voiture de	5	chevaux.
20	—	—	—	10	—
25	—	—	—	15	—
30	—	—	—	20	—
35	—	—	—	30	—
40	—	—	—	40	—

Les Américains nous ont fait connaître l'*amortisseur à courroie* (Snubbers). La figure 155 représente l'appareil LINCOLN qui se compose d'une courroie en poils de chameau ou similaire, 2, s'enroulant sur une poulie sous l'action d'un ressort 3 : la courroie passe sur un tambour 1 fixé au châssis et s'attache à l'essieu *e*.

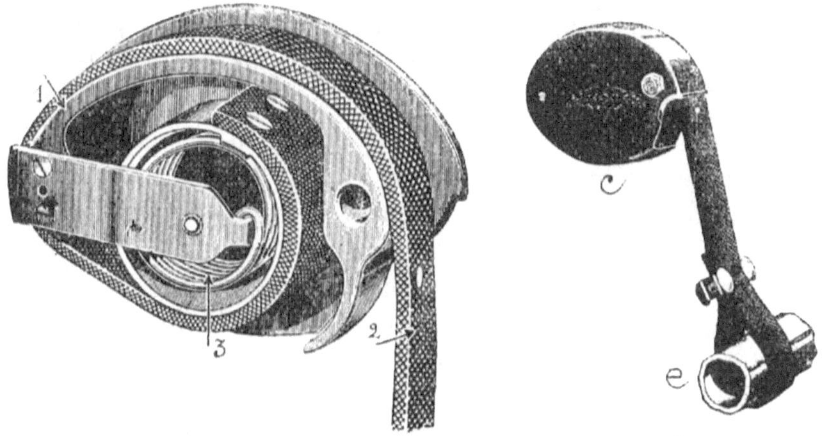

Fig. 155. – Amortisseur Lincoln.

À l'affaissement du ressort de suspension le ressort 3 enroule librement la courroie sur la poulie ; au rebondissement, la courroie frotte durement sur le tambour 1 dont la forme est spécialement calculée à cet effet.

Ces appareils ne freinent que dans le sens de la réaction du ressort. Ils sont très efficaces et d'un prix de revient peu élevé.

- XII -

Freinage par récupération

Quand un véhicule descend une pente, il fournit un travail qui est théoriquement le produit de son poids par la hauteur verticale de chute ; ce travail très important est perdu par le freinage à frottement qui le transforme en chaleur avec usure des surfaces frottantes ; on peut récupérer ce travail en actionnant, par exemple, un moteur électrique ou un compresseur d'air accompagné d'un accumulateur.

Le freinage électrique est employé dans la plupart des automotrices mues par l'électricité : le moteur à courant continu est réversible et se transforme très facilement, par couplage au controller en génératrice ; le freinage à air comprimé peut être réalisé avec un compresseur alimentant le réservoir d'air sur les véhicules mus par l'air comprimé.

Nous mentionnons pour mémoire ces procédés de freinage par récupération pour lesquels on devra consulter des livres spéciaux.

Troisième partie

SURFACES ET GARNITURES DE FRICTION

- I -

Coefficients de frottement

Contrairement à ce que l'on recherche toujours dans les organes de machines, les surfaces de friction des freins et embrayages doivent avoir un coefficient de frottement aussi grand que possible.

D'autre part, elles ne doivent pas être susceptibles de gripper même fonctionnant à sec. Dans le tableau ci-après des coefficients de frottement, seuls ceux acier sur acier et acier sur bronze, grippent sûrement s'ils ne sont pas graissés ; aussi, les embrayages *Hele-Shaw* qui emploient des disques d'acier et de bronze frottant les uns contre les autres, sont-ils à bain d'huile.

Les substances employées doivent résister à l'usure et à la chaleur. On a longtemps employé pour les sabots des freins des locomotives et des wagons des blocs de peuplier qui ont un coefficient de frottement élevé mais qui se carbonisent et prennent même feu par la chaleur développée quand le freinage dure longtemps. Maintenant on fait les sabots de frein des véhicules de chemin de fer en fonte dure, mais le coefficient de frottement est faible.

Les bandes de frein et les mâchoires de frein et d'embrayage ont été généralement garnies de blocs de bois ou de bandes de cuir ou de poils de chameau, substances qui se racornissent, carbonisent et brûlent.

L'invention des gommes synthétiques et de la bakélite dont nous avons longuement parlé dans le tome II de cette *Encyclopédie* a permis de fabriquer des comprimés à base de fibres d'amiante dont le plus connu est le Ferodo.

Ainsi que nous l'avons dit au tome II, la gomme synthétique polymérisée entre 150 et 170° centigrades fournit, avec l'amiante incombustible, des produits insolubles dans l'eau et l'huile, résistant aux températures de 300 à 350 degrés centigrades et ayant un coefficient de frottement variant de 0,20 à 0,40, c'est-à-dire fort élevé.

Coefficients de frottement de diverses substances applicables aux freins et aux embrayages :

Fonte sur fonte 0,15
Acier sur acier. 0,40
Acier sur fonte 0,18
Acier sur bronze.. 0,21
Fonte sur bronze.. 0,18
Acier sur bois de peuplier 0,55
— — de hêtre 0,50
— — de chêne.. 0,49
— sur cuir 0,15
— — de poil de chameau.................................. 0,20
— — de fibres tressées et imprégnées 0,40
— — — — — mêlées
de fils de laiton 0,30
Acier sur fibres d'amiante imprégnées et comprimées. 0,20

- II -

Montage des garnitures de friction

Les garnitures s'appliquent soit directement sur les armatures en acier ou fonte, soit sur les anciens blocs de bois dont sont garnies ces armatures, au moyen de vis à tête noyée ou de rivets en aluminium.

Les figures 156 à 165 montrent les différentes manières d'appliquer ces garnitures. Pour que la chaleur du freinage se disperse rapidement, la Société du Ferodo place entre elles et l'armature une plaque d'acier ondulé, comme on le voit figures 160 et 165.

Figure 156. — Dispositif réglable au moyen de semelles de bois, pouvant être posées ou enlevées, entre la barre et le châssis de frein. Comme la garniture s'use généralement plus vite à une extrémité qu'à l'autre, la forme des cales en bois représentée sur la figure permet un réajustage de la garniture qui peut ainsi être usée également d'un bout à l'autre.

Figure 157. — Montre la manière de revêtir les blocs de bois déjà en service. Les organes de fixation durent indéfiniment.

Figure 158. — Dans le cas d'emploi de nouveaux blocs de bois, les faire un peu plus longs afin de pouvoir fixe la garniture comme l'indique la gravure. Un dispositif simple consiste à maintenir les plaques de fixation au moyen de tire-fonds.

Figure 159. — Dispositif montrant l'application directe de la garniture sur le châssis métallique ; cette méthode est à employer lorsqu'une évacuation très rapide de la chaleur est nécessaire.

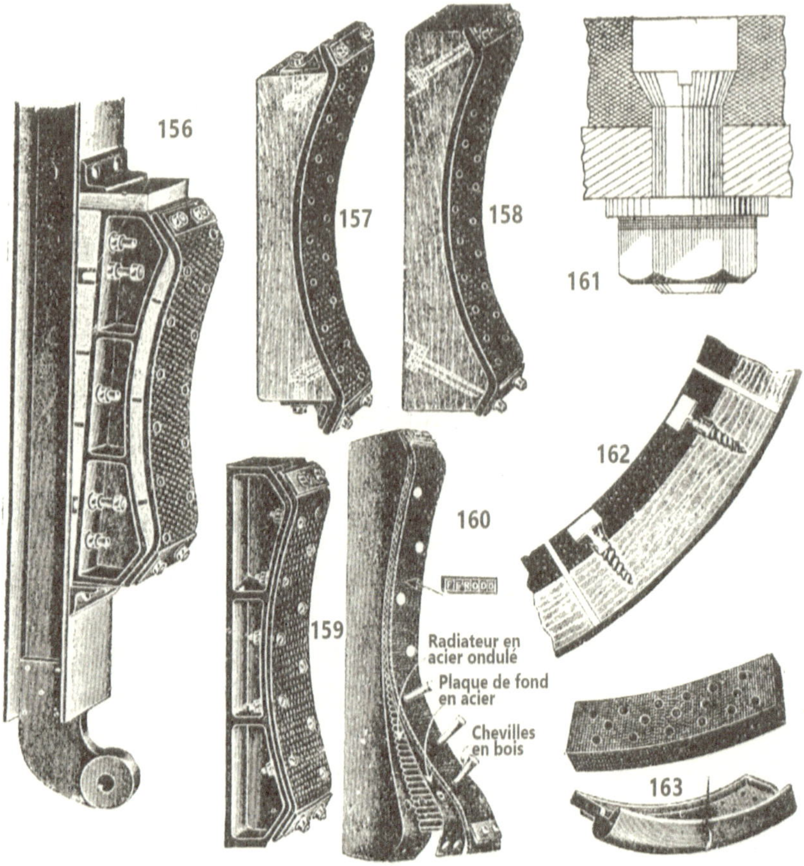

Fig. 156-163. - Fixation des garnitures sur les sabots des freins.

Figure 160. — Dispositif montrant l'emploi d'une plaque ondulée en métal, qui assure un bon refroidissement de la garniture sans avoir à monter cette dernière sur un châssis métallique et permet ainsi, pour la fixation, l'utilisation de chevilles en bois. Ce dispositif a aussi l'avantage de donner plus de souplesse au frein.

(Voir la figure 111 : Frein automatique à plateau, garni de disques « Ferodo» et la figure 112 : frein à disques multiples, garni de disques à commande électromagnétique.)

On verra dans les gravures de ce livre de nombreux exemples d'application de garnitures en amiante imprégnée sur des organes d'embrayage et de freins.

Ces garnitures ne grippent pas, travaillent toujours à sec ; elles ne peuvent ni se carboniser ni brûler et sont certainement préférables à toutes autres.

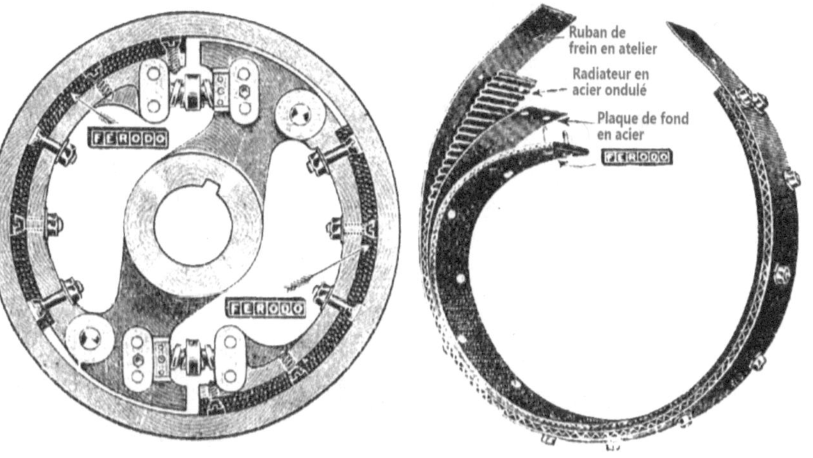

Fig. 164-165. – Garnitures sur freins à mâchoires et à ruban.

La fixation des garnitures en cuir ou en textile imprégné ne présente aucune difficulté. Cependant la durée des garnitures dépend de ce mode de fixation. Des gabarits exacts s'imposent pour déterminer l'emplacement des trous de rivets à percer dans la garniture, car si ces emplacements sont simplement tracés à la main, les trous des garnitures risquent de ne pas coïncider avec ceux des supports, mâchoires, disques métalliques, etc. ; il s'ensuit alors fatalement une ovalisation des trous, la déformation des rivets et de la matière et, finalement, l'arrachement possible de cette dernière.

Le perçage des trous dans les garnitures s'effectue avec un foret hélicoïdal ou à centre. Si, pour la façonner, la garniture a été chauffée, attendre son complet refroidissement avant de procéder au perçage et au rivetage.

Employer des rivets d'aluminium à tête conique fraisée ; la tête des rivets peut être noyée dans la garniture ou en affleurer la surface ; cette dernière manière de faire a pour avantages appréciables de contribuer à dissiper la chaleur et de ne pas réduire la surface de friction, ce qui est à considérer dans les cas de garnitures très étroites.

Les têtes fraisées des rivets doivent, par leur base, porter sur la partie métallique sur laquelle est fixée la garniture, afin qu'en aucun cas, quel que soit l'état de cette dernière, ils ne puissent prendre du jeu. *Les centres des têtes des rivets doivent, en principe, être placés à une distance du bord de la garniture au moins égale au double du diamètre de ces têtes.*

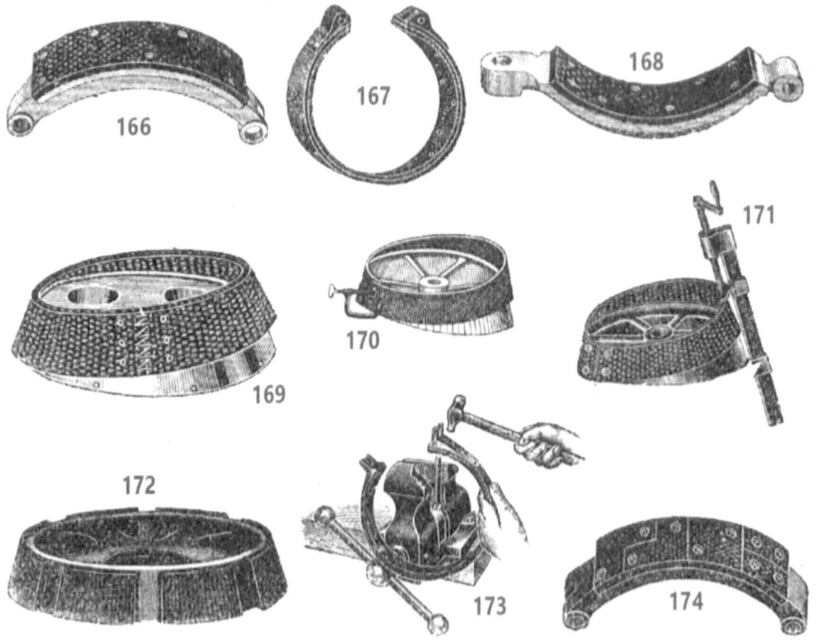

Fig. 166 à 174. – Montage des garnitures de friction.

Pose

Première méthode. (Fig. 169). — Après cintrage et refroidissement complet de la bande, former le cône et le maintenir au moyen d'une agrafe à la hauteur de sa circonférence médiane ; le présenter sur le cône métallique afin de s'assurer qu'il n'est pas trop grand. Dans l'affirmative raccourcir légèrement la garniture jusqu'à ce qu'en la présentant à nouveau, elle ne descende pas à fond.

Percer sur la garniture, une fois qu'elle est bien à dimension, les trous habituels des rivets de part et d'autre de son joint ; la présenter de biais sur le cône, ainsi que le représente la figure 169, en en faisant coïncider les trous déjà faits avec ceux correspondants du cône ; la fixer en ces points au moyen de boulons ; entrer ensuite à force la garniture en ne la martelant pas directement, mais en interposant une planche de bois entre le marteau et la garniture, ou avec un serre-joint, puis river.

Deuxième méthode. (Fig. 170). — Toujours après cintrage et refroidissement complet de la bande, percer dans celle-ci deux trous de fixation à 6 ou 7 cm d'une extrémité et boulonner sur le cône. Enrouler ensuite la bande sur le cône, de façon que la partie intérieure du plus grand diamètre de la garniture viennent embecqueter à la partie supérieure (petit diamètre) du cône. Dans cette jointure la bande, plus longue que le développement du cône, vient croiser et est maintenue en place à l'aide d'un serre-joint comme l'indique la figure 170.

Percer à deux centimètres environ du joint de croisement les trous habituels de fixation de la deuxième extrémité de la garniture et boulonner. Presser ensuite la garniture à fond au marteau ou au serre-joint. Couper à la scie la partie en excédent, de manière à former un joint convenable, percer et river.

Après fixation, rectifier la garniture (la mettre parfaitement au rond) par meulage au papier de verre. Au moment de la première mise en service, graisser la garniture.

Les figures 164 à 172 montrent de nombreux exemples de fixation de garnitures ; la figure 173 fait voir la manière de river en se servant d'une tige de fer serrée dans l'étau et la figure 174 indique l'emploi de chutes de matière plastique pour garnir une mâchoire de frein ou embrayage.

Quatrième partie

ORGANES DE MANŒUVRE ET TIMONERIE

- I -

Commande par électroaimants

Si, dans l'intérieur d'une bobine creuse B, figure 175, parcourue par un courant continu, on présente une barre de fer doux N, cette barre est attirée ou plutôt avalée par la bobine jusqu'à ce qu'elle ait entièrement rempli l'espace vide.

Cette propriété a été mise à profit pour la construction des électroaimants permettant de commander à distance des rhéostats, des embrayages, des contacteurs et des freins de treuils de mine ou d'ascenseurs exigeant une puissance assez élevée.

Pour augmenter l'efficacité de la bobine B, on l'enferme dans une cuirasse en fonte *c*, qui ferme le champ magnétique et offre un chemin conducteur aux lignes de force de l'aimant ainsi constitué.

La longueur des fils de bobinage et leur poids sont fonction de la puissance d'attraction de l'appareil ; le tableau ci-après donne quelques caractéristiques sous la tension de 110 volts, courant continu.

Ces électros pour commande à distance sont de plus en plus employés dans les constructions

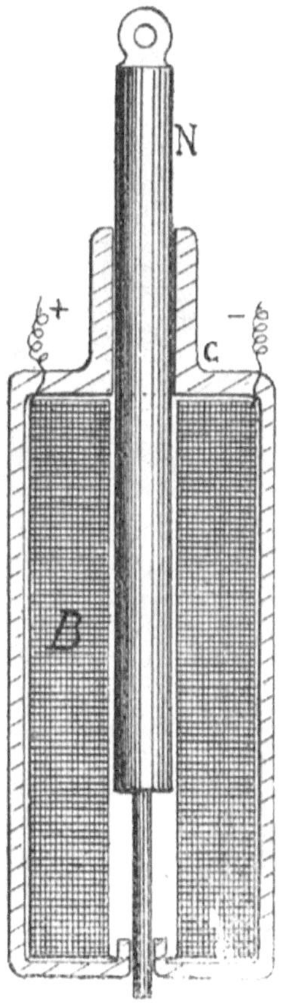

Fig. 175. - Solénoïde.

AMPÈRES ABSORBÉS	EFFORT EN KG.	PUISSANCE EN KGM.	COURSE EM MM.	POIDS EN K.
0,40	3	0,1	25	5
1,00	9	0,4	50	15
1,50	12	1	80	30
9	75	12	150	100
19	160	40	250	200
30	250	100	400	425

industrielles ; nous en avons vu l'application aux freins pour treuils de puits de mine et ascenseurs, figures 118 et 119.

Les figures 176, 177 et 178 montrent trois dispositifs de commande de freins à mâchoires par solénoïdes.

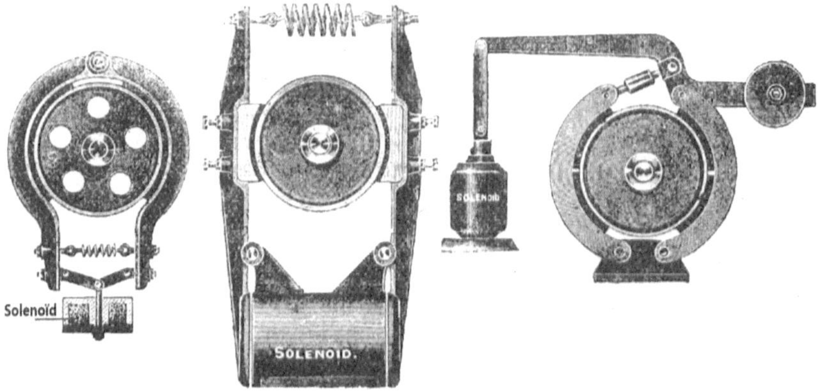

Fig. 176. Fig. 177. Fig. 178.

Fig. 176 à 178.— Commandes de freins par solénoïdes.

- II -

Commande par fluides comprimés ou raréfiés

La figure 179 montre le dispositif de commande d'un frein de mine par l'air comprimé ou raréfié admis dans le cylindre *c* dont le piston agit sur le levier coudé *l* qui serre les deux mâchoires par l'intermédiaire d'une tige réglable en longueur *t*.

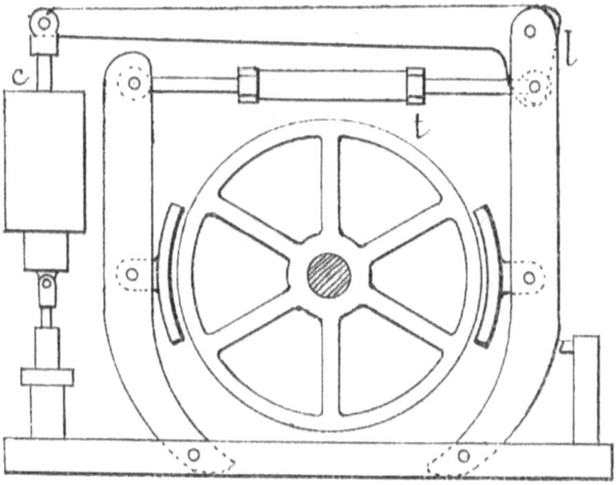

Fig. 179. — Commande d'un frein par l'air comprimé.

Le freinage par l'air comprimé peut être bien plus puissant que celui par le vide d'air, puisque la pression n'a pas de limite et peut atteindre plusieurs atmosphères sans difficultés techniques, tandis que le vide absolu ne donne qu'environ un kilogramme par centimètre carré ; mais la transmission par le vide est plus rapide que celle par l'air comprimé, ce qui s'explique par la diminution de perte de charge dans les tuyauteries.

Les freins à air sont progressifs et facilement réglables en puissance de freinage par la simple manœuvre de robinets-valves ; ce sont des organes très sûrs, ce qui les fait adopter pour les treuils de mines.

La commande peut aussi se faire dans de très bonnes conditions de rapidité et d'énergie par un liquide comprimé au moyen d'un piston mû par un levier convenablement disposé. Le liquide étant pratiquement incompressible, il suffit de tubes de petit diamètre et d'une faible quantité de liquide, toujours la même, pour assurer une excellente commande. Mais il faut prévoir le froid et nous avons donné des conseils à cet égard, chapitre X, 2e partie de ce volume

La commande par l'huile a été appliquée à des freins d'automobiles et d'autres machines, avec quelque succès.

Des dispositifs analogues à celui figure 179 peuvent être employés en substituant l'action du vide ou une aspiration d'un liquide à celle de la compression. (Voir figure 195.)

- III -

Commandes par fourchettes

La commande des embrayages se fait généralement par l'action d'une fourchette sur un manchon à gorge ; les branches de la fourchette peuvent être garnies de blocs de friction articulés épousant la forme de la gorge du manchon, comme le montre la figure 181, mais on peut aussi les munir de galets ayant pour diamètre l'intérieur de la gorge, avec un léger jeu et, pour épaisseur, la profondeur de cette gorge.

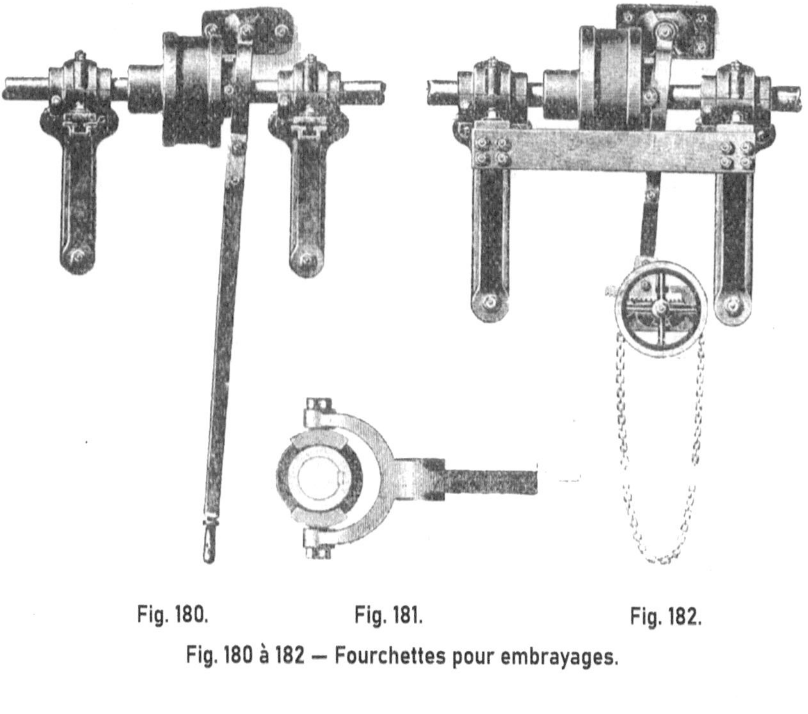

Fig. 180. Fig. 181. Fig. 182.

Fig. 180 à 182 — Fourchettes pour embrayages.

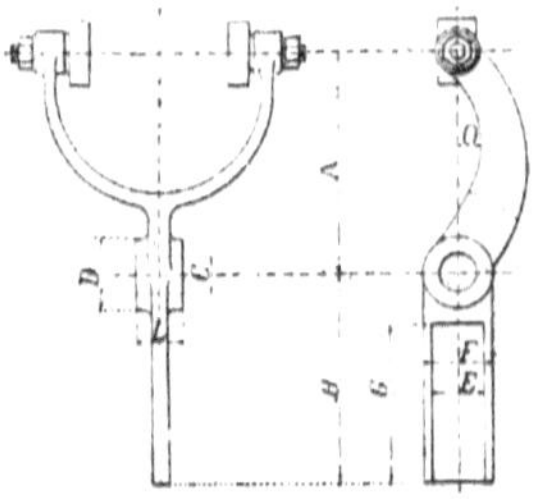

A	B	C	D	E	F	G	O	L
140	130	25	45	32	45	100	16	30
160	140	30	50	32	50	110	18	38
205	165	35	60	37	55	125	25	45
225	165	35	60	40	60	125	28	50
250	185	40	65	42	65	135	38	55
310	185	45	85	55	75	135	38	60

Fig. 183. - Proportions des fourchettes d'embrayages.

La figure 183 et le tableau ci-joint donnent les proportions des fourchettes de débrayage, d'après M. Bonaffous, en prenant pour base la distance A depuis l'axe fixe jusqu'au point d'action sur le manchon ; ces fourchettes sont en fonte et on y boulonne une barre de fer plat pour faire une tige de manœuvre de longueur convenable, comme le montrent les figures 180 et 184.

Fig. 184.

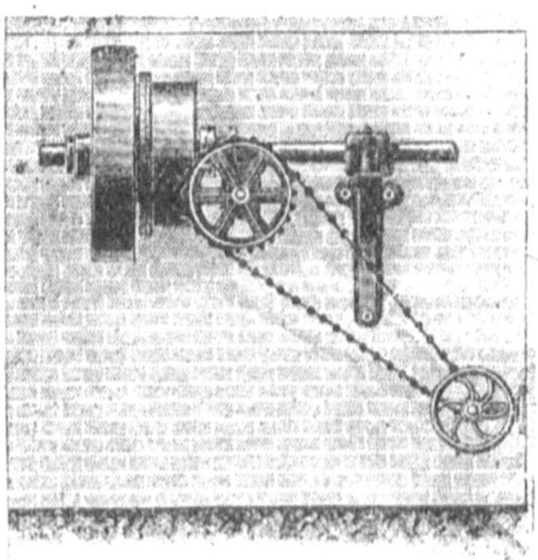

Fig. 185.

Fig. 186.

Fig. 184 à 186. - Mécanismes pour fourchettes d'embrayage (Piat).

Les figures ci-après représentent diverses combinaisons de manœuvre de la fourchette de débrayage :

Figure 180. — Point fixe en bout des fourchettes.

Figure 182. — Fourchette mue par secteur denté, pignon et chaîne pendante.

Figure 184. — Point fixe en dessous de la fourche et secteur d'arrêt pour la tige de manœuvre.

Figure 185. — Manœuvre à distance par chaîne Galle.

Figure 186. — Manœuvre par vis et chaîne pendante.

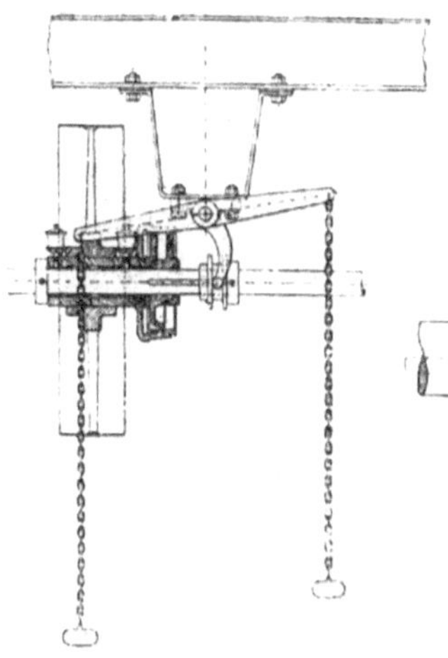

Fig. 187 – Mécanisme à fourchette et balancier.

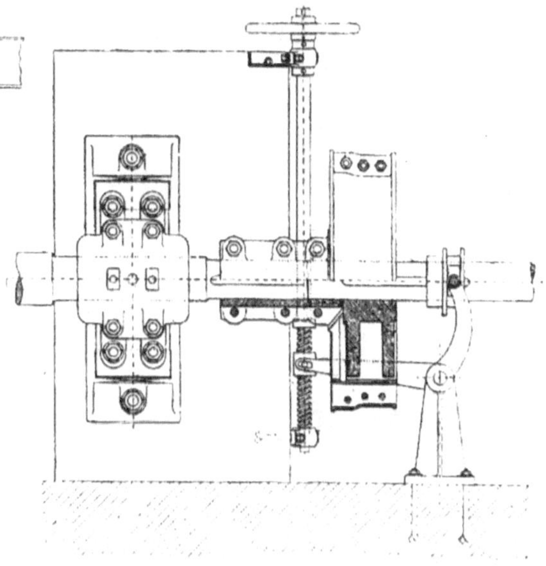

Fig. 187 – Commande par vis et écrou..

Figure 187. — Mécanisme à balancier.

Figure 188. — Levier coudé actionné par une vis à longue tige ; est surtout employé pour les embrayages des gros moteurs.

- IV -

Commandes des freins pour chemins de fer ; freins continus

On a essayé de freiner les véhicules des chemins de fer au moyen de patins frottant sur les rails ; tels sont les freins *Adam, Laignel, Didier*, etc., qui n'ont pas donné des résultats favorables et sont abandonnés. Mais les automotrices électriques emploient des freins à patin à adhérence magnétique sur le rail (*Société Oerlikon, Compagnie Thomson-Houston.*) Les freins agissant sur les roues sans que celles-ci soient calées ont une action plus efficace que la roue ne tournant plus et glissant sur le rail, ce glissement ayant l'inconvénient grave de faire des parties plates sur la bande de roulement.

Les sabots des freins primitivement faits en bois, se font maintenant en fonte dure ; le bois s'usait très vite et prenait feu quand le freinage était prolongé.

Les sabots de frein sont suspendus au châssis de la voiture par des biellettes et réunis entre eux par un système de palonniers, leviers et tringles constituant la timonerie ou tringlage des freins, combiné de telle sorte que le serrage et le desserrage des 2, 4 ou 8 sabots d'une voiture se fasse en agissant sur une seule tringle ou levier.

La figure 189 montre la timonerie d'une voiture de tramway avec quatre sabots de frein que l'on peut manœuvrer d'avant ou d'arrière de la voiture au moyen de manettes ou volants à la main.

Ces manettes ou volants de manœuvre des freins agissent soit par une vis *v*, figure 190, travaillant dans un écrou *e* qui transmet le mouvement à la tringle *t* par l'intermédiaire d'une biellette *b* et d'un levier coudé

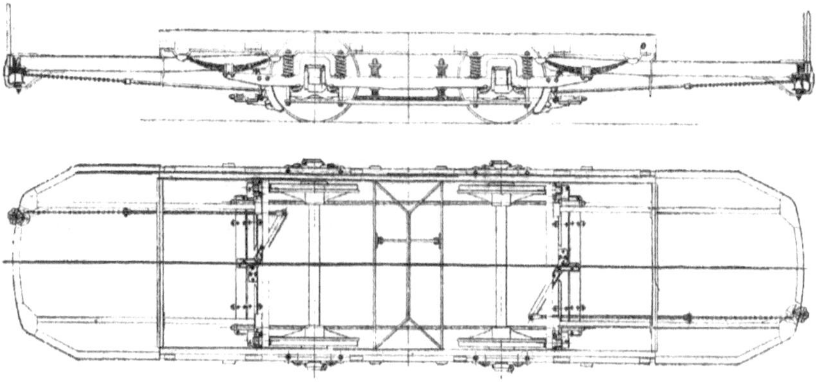

Fig. 189. – Timonerie d'un tramway.

l. Soit par l'enroulement d'une chaîne *c*, figure 191, sur un tambour *t* ; en ce cas, pour maintenir le serrage, la tige verticale de manœuvre *v* est munie d'une *roue à rochet r* arrêtée par un cliquet *d*, le tout sur le plancher de la voiture ; pour desserrer, le conducteur pousse le déclic *d* avec son pied pour dégager la roue à rochet.

Ce frein n'aurait ainsi qu'une faible puissance et, généralement, la manette *m* commande le tambour *t*, par un train d'engrenages multiplicateurs de l'effort du conducteur.

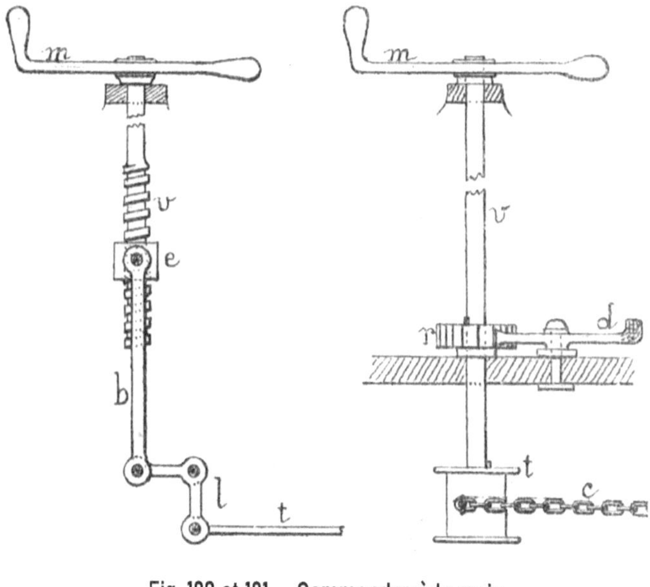

Fig. 190 et 191. – Commandes à la main.

On emploie, pour rendre *irréversible* la commande des freins, des mécanismes de blocage tel que celui dit *Autoloc* que nous avons décrit dans le volume I de cette *Encyclopédie*.

M. Guillemin, constructeur à Paris, nous communique le dessin figure 192, dans lequel le pignon d'angle qui attaque la timonerie ne peut tourner en aucun sens si l'on n'agit pas sur la manivelle *m*, grâce à un mécanisme de blocage par ressort contenu dans la boîte *b*.

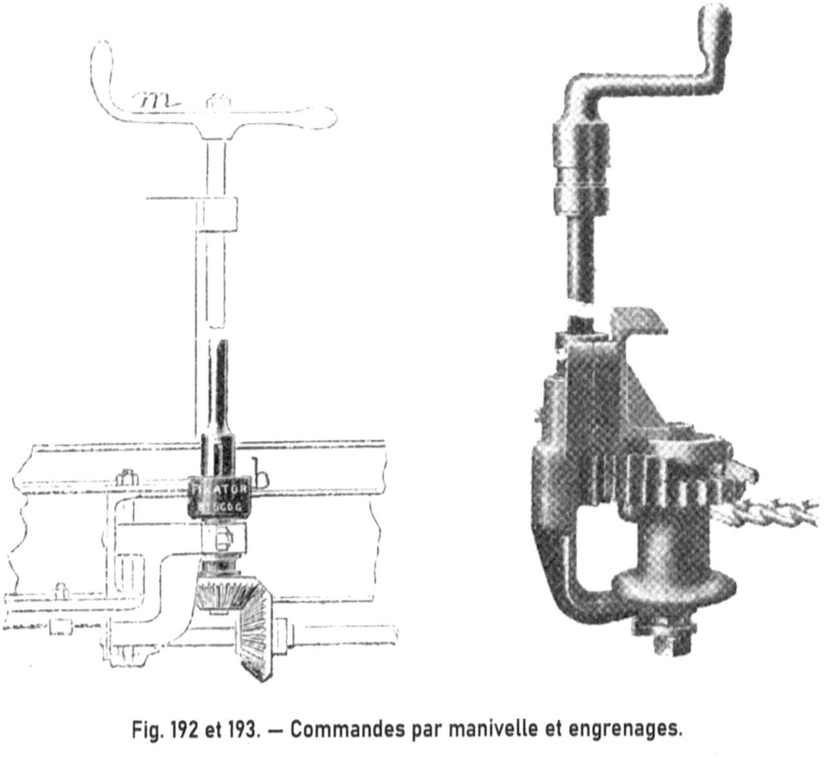

Fig. 192 et 193. — Commandes par manivelle et engrenages.

La *Société des Appareils de Levage*, à Paris construit un mécanisme, figure 193, dans lequel un petit pignon agit sur un plus grand pour augmenter la puissance de serrage, mais une ingénieuse combinaison permet le rattrapage automatique de l'usure des sabots et de l'allongement possible des tringles et chaînes de la timonerie.

Nous ne pouvons pas, dans le cadre restreint de ce livre, décrire en détail tous ces mécanismes pour lesquels leurs constructeurs ont rédigé des notices.

Servofrein

La force de l'homme étant bien faible quand il s'agit de presser très fortement les sabots contre les bandages de 4 roues et de vaincre les frottements des articulations des timoneries, on a songé à utiliser les forces perdues pendant le ralentissement et l'arrêt du véhicule pour renforcer la pression des sabots sur les roues : le frein *Lemoine*, que nous avons décrit déjà, utilise la force vive de la voiture.

De nombreux brevets ont été pris à cet égard et, en général, on cherche à produire une traction sur les tringles par enroulement sur l'un des essieux. À titre d'exemple, nous représentons, figure 194, le servofrein à commande à main ou électrique inventé par l'auteur de cette *Encyclopédie*.

Sur l'essieu solidaire des roues est calé un tambour *t* qui tourne constamment, à la vitesse de l'essieu. Un carter *kk* contenant un frein à mâchoires *f* entoure le tambour *t* et est suspendu au châssis par un ressort *r* ; l'essieu et le tambour *t* tournent donc dans l'intérieur du frein à mâchoires et du carter qui sont immobiles ; le roulement de l'essieu dans les portées du carter est assuré par des boîtes à graisse GG.

Le carter *kk* est relié en dessus et en dessous, en *aa*, par quatre chaînes *cc c'c'* aux palonniers des freins. Si l'on serre le frein à mâchoires en agissant sur le levier *l* par un solénoïde ou par une traction à la main, le carter *kk* est entraîné dans le sens de la rotation de l'essieu, avec une très grande force et tire soit sur les deux chaînes *cc*, soit sur les deux chaînes *c'c'* selon le sens de rotation de la roue ; mais, quel que soit ce sens de rotation, le serrage des freins est fait avec la même énergie.

Ce servofrein pourrait aussi facilement être construit à freinage automatique, le serrage des mâchoires étant fait constamment par un ressort assez puissant et l'action du solénoïde ayant pour effet d'annuler le tirage de ce ressort.

La Société *Westinghouse*, a proposé un servofrein, pour automobiles, qui utilise la dépression produite par l'aspiration du moteur lorsque lu papillon d'admission des gaz du carburateur est fermé.

En pratique, cette fermeture est effectuée lorsque le conducteur abandonne la pédale d'accélérateur pour actionner la pédale de frein.

Une soupape spécialement étudiée assure la distribution de l'aspiration dans le cylindre du servofrein.

Le schéma figure 195 représente le montage appliqué à une commande de timonerie de frein sur les quatre roues. En appuyant sur la pédale

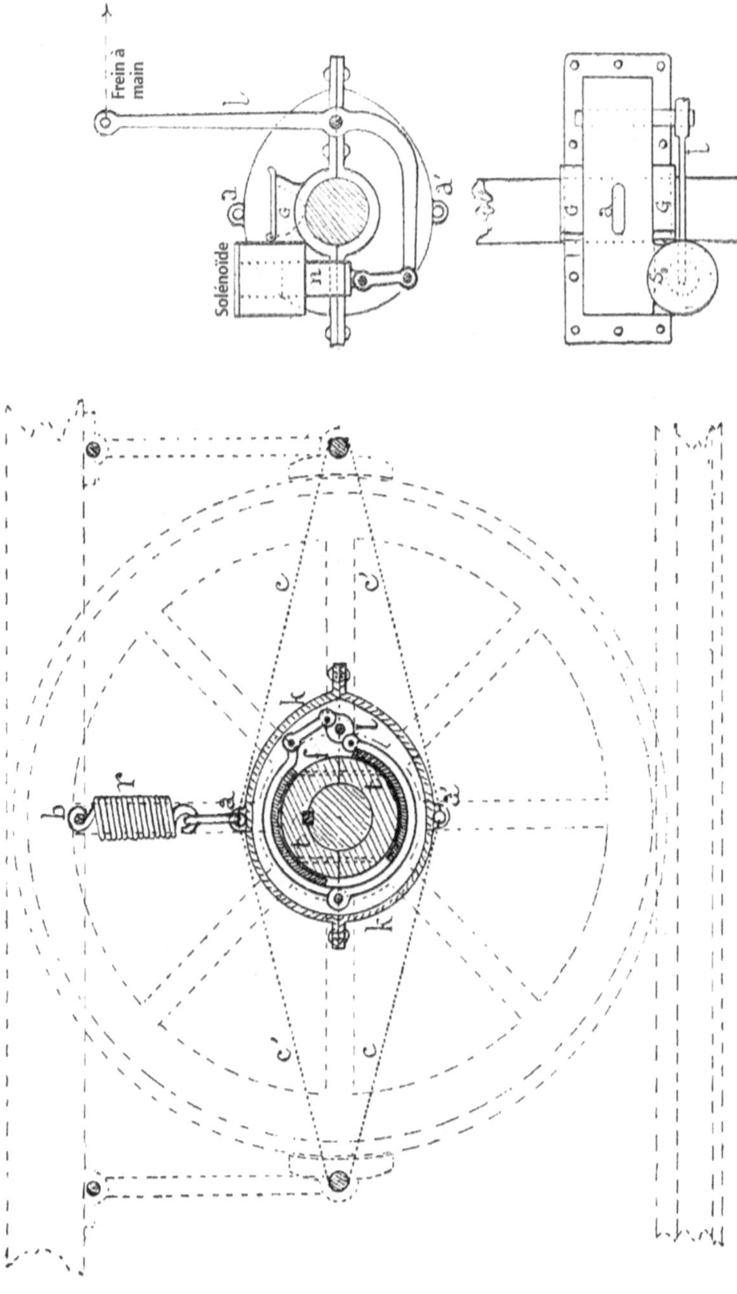

Fig. 194. – Servofrein.

P, le conducteur entraîne le palonnier L et actionne simultanément le distributeur et la commande mécanique des freins, parce que la réaction de ceux-ci provoque la fixité relative du point autour duquel pivote le palonnier L, qui exerce une traction sur la tige du distributeur.

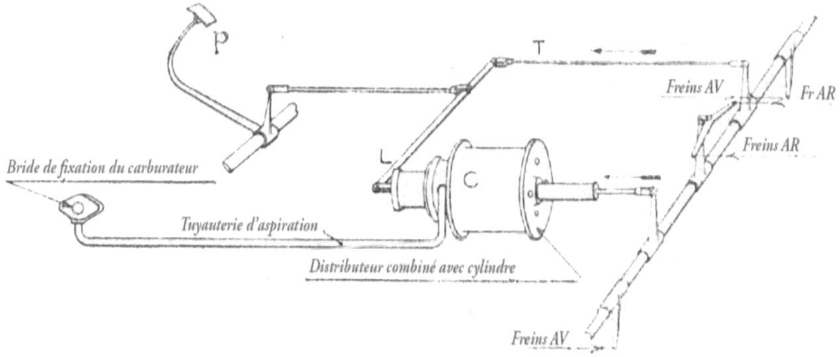

Fig. 195. — Freins Westinghouse pour automobiles.

La tige reliée à la pédale n'agit pas au milieu du palonnier, mais près de la tige T, en sorte que celle-ci reçoit l'effort au début, et prépare les mâchoires des freins arrière à agir contre leurs tambours.

L'effort transmis par le cylindre à la timonerie étant proportionnel à la dépression, est proportionnel à l'effort du conducteur sur la pédale P.

M. Guérin a fait un frein utilisant la compression des ressorts d'attelage au moment où le mécanicien serre ses freins.

Freins continus

Les premiers brevets pour ces freins sont de l'année 1859. En 1860, Du Tremblay et Martin faisaient breveter un frein à vide destiné à agir simultanément sur toutes les voitures d'un train.

En 1867, M. Westinghouse a appliqué en Amérique un système de transmission par l'air comprimé commandé par le mécanicien et agissant simultanément sur toutes les voitures du train ; il l'a appelé *frein continu*.

Cette invention a fait l'objet de nombreux perfectionnements et plus de mille brevets ont été pris pour des freins continus fonctionnant soit par l'air comprimé soit par le vide atmosphérique.

Nous donnerons seulement ici une nomenclature des principaux freins continus qui ont été mis en service et une description rapide du frein Westinghouse tel qu'il est actuellement ; nos lecteurs trouveront une documentation abondante dans les ouvrages spéciaux sur les freins de chemin de fer, dans le *Dictionnaire Lami* et ses deux suppléments, dans la collection de la *Technique moderne* et dans la *Revue générale des Chemins de fer*.

Freins à air comprimé : Westinghouse (1867), Wenger, Carpenter, Schleiffer, Clarck, Boyden, Soulerin, Lipowski, etc.

Freins à vide : Du Tremblay et Martin (1860), Smith, Clayton, Soulerin, Eames, etc.

Freins à vide ou air comprimé : Weilch et Smith, Soulerin, etc.

Frein Westinghouse. — Ce frein généralement employé en Europe et en Amérique est commandé par le mécanicien, soit en *modérable*, soit à *action rapide*, et il est automatique en ce sens que si une avarie se produit dans la canalisation d'air comprimé, les freins serrent et obligent ainsi le mécanicien à s'apercevoir du défaut.

Le frein automatique Westinghouse est *continu sur toute la longueur du train* ; il est actionné par l'air comprimé fourni par la pompe à air et emmagasiné dans le réservoir principal placé sur la locomotive.

Cet air comprimé est envoyé par le robinet du mécanicien dans la conduite générale et, en traversant les *triples valves* (soupapes à 3 clapets, de construction spéciale), dans un réservoir auxiliaire placé sur chaque véhicule.

On réalise l'application du frein en réduisant la pression dans la conduite générale, ce qui a pour effet de faire mouvoir les pistons des triples valves et de faire passer, dans les cylindres du frein, une partie de l'air comprimé emmagasiné dans les réservoirs auxiliaires ; les pistons des cylindres sont alors repoussés et appliquent les sabots sur les roues.

On desserre le frein en rétablissant la pression de l'air dans la conduite générale : les triples valves isolent alors les réservoirs auxiliaires du cylindre du frein, découvrent un orifice par lequel l'air comprime contenu dans le cylindre du frein peut s'échapper à l'atmosphère et remplissent à nouveau les réservoirs auxiliaires.

Le ressort contenu dans le cylindre peut alors ramener le piston dans sa position initiale et éloigner les sabots des roues.

Les freins sont, en général, appliqués par le mécanicien ou, dans les cas d'urgence, par le garde-frein ; mais un éclatement ou une rupture d'un boyau d'accouplement ou tout autre accident déterminant un

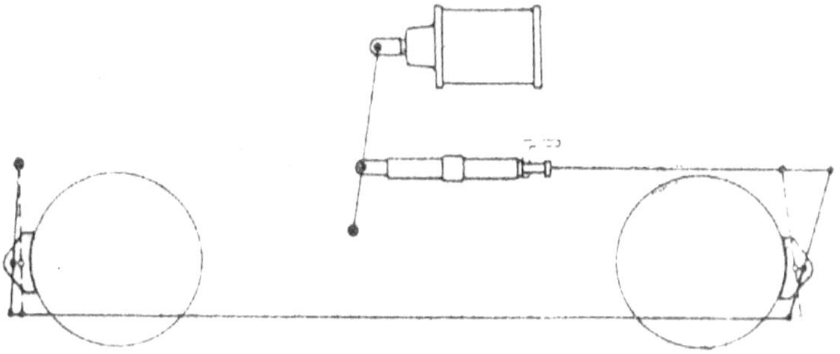

Fig. 196. — Timonerie simple.

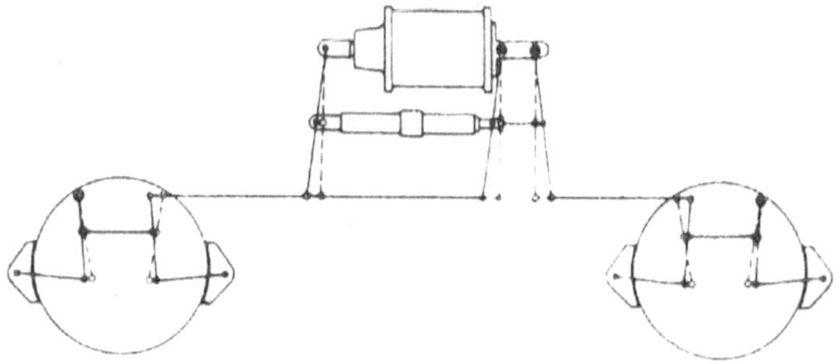

Fig. 197. — Timonerie double.

échappement d'air de la conduite générale, entraînent immédiatement l'application des freins, d'où le nom d'automatique qui a été donné à ce système.

Les figures 196 et 197 montrent les timoneries des freins simples et doubles ; *une barre de réglage et de rattrapage de jeu* assure la constance du déplacement des organes (voir notice de la Société d'Appareils de Levage, 78. rue Vitruve, à Paris).

Voici le détail des organes composant l'équipement d'un train (figures 198 et 199).

Locomotive :

1. - *Robinet de prise de vapeur* sur la chaudière ;

2. - *Régulateur de pompe à air* interrompant automatiquement l'admission de vapeur lorsque la pression nécessaire est atteinte dans le réservoir d'air comprimé ;

3. - *Pompe à air*, mue par la vapeur ;

4. - *Réservoir principal* d'air comprimé ;

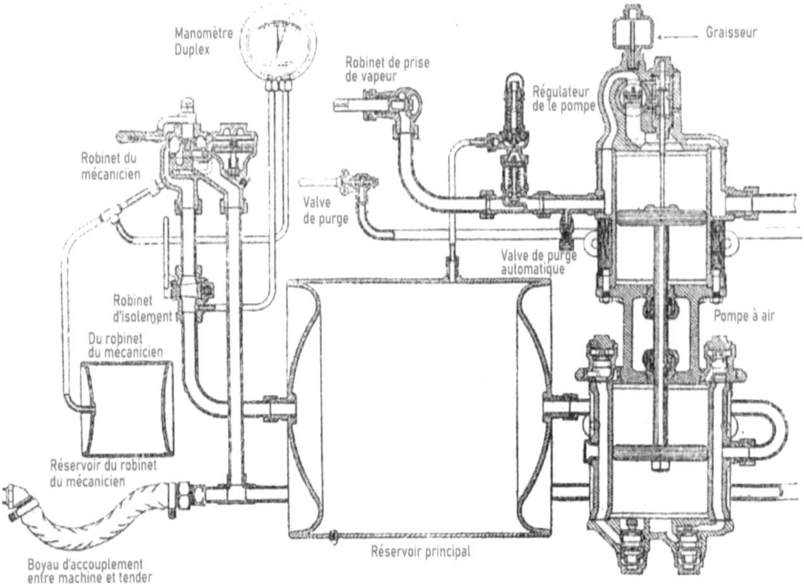

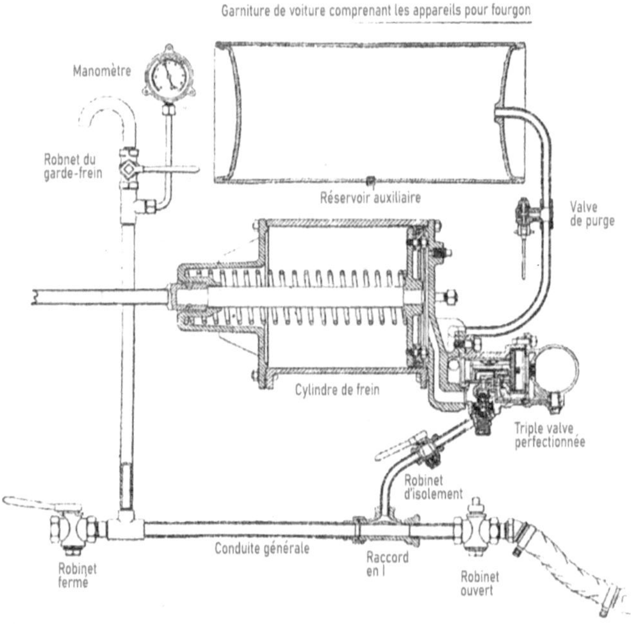

Fig. 198. — Sur la locomotive.

Fig. 199. — Sur les wagons.

5. - *Robinet d'isolement* ;
6. - *Robinet du mécanicien* ;
7. - *Valve d'alimentation* réglant automatiquement la pression dans la conduite générale du train.

Train et voitures :

8. - *Conduites générales* sous chaque voiture réunies par les boyaux d'accouplement munis de robinets d'arrêt, fournissant l'air à la
9. - *Triple valve* assurant la distribution de l'air comprimé au
10. - *Réservoir auxiliaire* sous chaque voiture, qui alimente, le
11. - *Cylindre de frein* dont le piston actionne la timonerie, figures 196 et 197.

Sur la locomotive se trouvent en outre :

Un *manomètre à deux aiguilles* : une noire pour la pression du réservoir principal, une rouge pour la pression d'air dans la conduite.

Une *poche de vidange* arrêtant l'huile et l'eau de condensation.

Sur la locomotive et les voitures :

Une *valve de purge* permettant de vider d'air le cylindre et le réservoir.

Sur la locomotive et les voitures munies d'un *frein à main* on met des *ressorts de rappel* pour éloigner les sabots des roues.

Les *fourgons des gardes-freins* ont un manomètre indiquant la pression dans la conduite générale et un robinet de secours permettant de serrer les freins en cas d'urgence en mettant la conduite générale en communication avec l'atmosphère.

Frein Lipowski

Représenté figure 200, ce frein à air comprimé présente les organes suivants :

- Un distributeur ;
- Un réservoir auxiliaire avec soupape de retenue et de contrôle ;
- Un accélérateur

Le distributeur a un double rôle : relié directement à la conduite générale, il assure l'alimentation du réservoir auxiliaire en air comprimé, de manière que le véhicule ait toujours une quantité convenable d'énergie disponible.

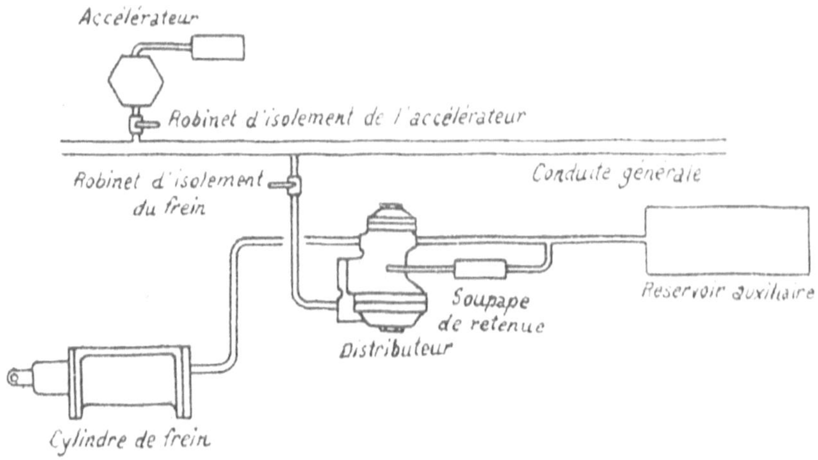

Fig. 200. – Frein Lipowski.

Intercalé entre le réservoir auxiliaire et le cylindre de frein, il commande les admissions et les échappements de l'air comprimé de ce cylindre.

L'accélérateur, organe indépendant, est un réservoir branché directement sur la conduite générale, destiné à propager plus rapidement dans cette conduite les dépressions provoquées de la locomotive par la manœuvre du robinet de mécanicien, et aussi celles qui peuvent résulter d'un incident quelconque de route.

Organes de jonction des véhicules d'un train

La conduite d'air comprimé est assurée d'un véhicule au suivant par des tuyaux en caoutchouc munis d'un raccord à baïonnette représenté par la figure 201 ; des robinets d'arrêt sont placés à chaque extrémité des wagons sous lesquels la canalisation est en tubes d'acier.

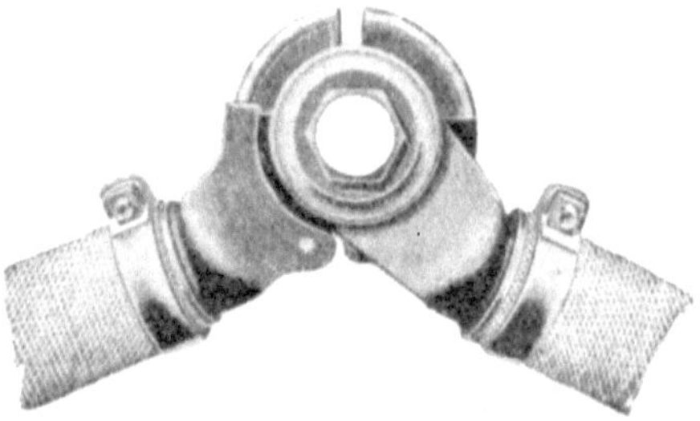

Fig. 201. – Joint d'accouplement à baïonnette.

- V -

Freins électriques

L'électricité est employée soit comme agent de transmission pour la commande des servofreins, soit comme force directe de serrage des sabots ou mâchoires (fig. 119, 176, 177, 178) ; le freinage électrique proprement dit se fait, sur les automotrices à courant continu, en *faisant fonctionner les moteurs comme génératrices.*

On sait qu'une dynamo à courant continu peut : soit fournir le courant électrique si on l'entraîne par une force motrice quelconque, soit devenir un moteur électrique si on lui fournit un courant électrique convenable. En interrompant le courant d'alimentation d'un moteur électrique entraîné par les roues de l'automotrice et en lui faisant débiter le courant qu'il produit alors dans des résistances convenablement calculées, on réalise un freinage énergique.

Le courant électrique est employé à la commande de freins à air comprimé ou raréfié ; la transmission du courant étant instantanée, il en résulte une action plus simultanée des freins quand le train comporte de nombreuses voilures.

Les *sabots de freins à adhérence magnétique* sont aussi employés sur les automotrices à *courant continu* ; le mécanisme en est très simple : le patin en fer entouré de bobinages convenables est rappelé par un ressort qui assure le desserrage. Quand on envoie le courant dans les bobinages, le patin se colle contre la roue et y adhère en produisant un freinage très puissant. Même dispositif pour le freinage par patins adhérant aux rails. Ces freins se comportent comme un embrayage magnétique qui aurait une longue période de frottement.

Les freins à adhérence électro magmatique sont employés sur toutes sortes de machines, treuils, etc., leur instantanéité, la facilité de les commander à distance par un simple fil isolé en font des organes très intéressants.

Table des Matières

Partie I - **Les embrayages**

Partie II - **Les freins**

Partie III - **Surfaces et garnitures de friction**

Partie IV - **Organes de manœuvre et timonerie**

autos / motos

www.decoopman.com

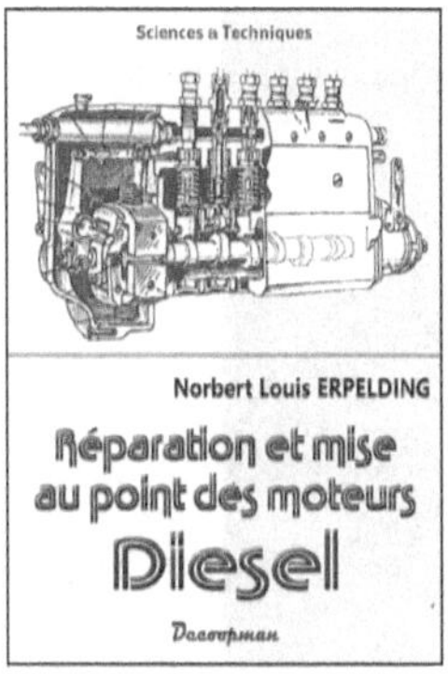

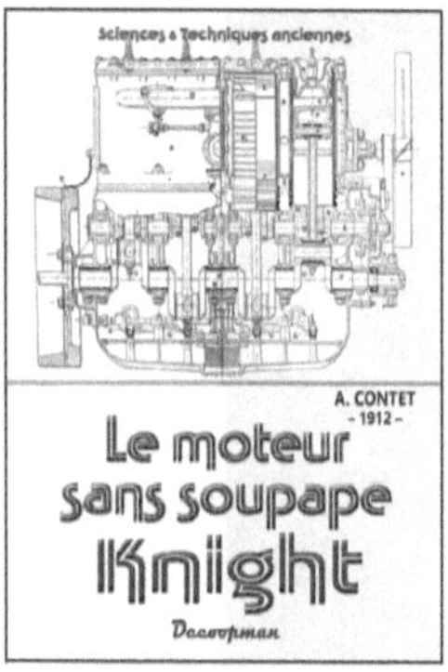

Éditions Decoopman - Ferrières - 30440 Saint-Laurent-le-Minier
Tel : +33 (0) 4.67.73.90.95 - web : www.decoopman.com - e.mail : livres@decoopman.com

autos / motos

www.decoopman.com

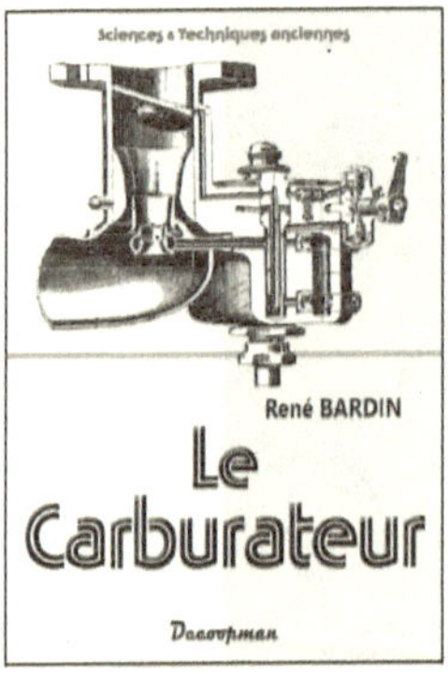

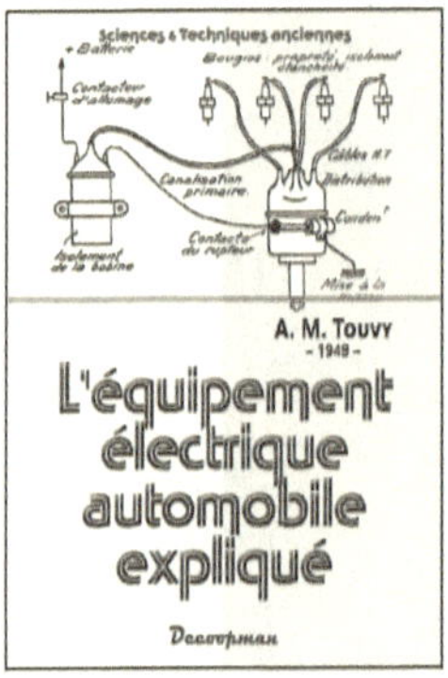

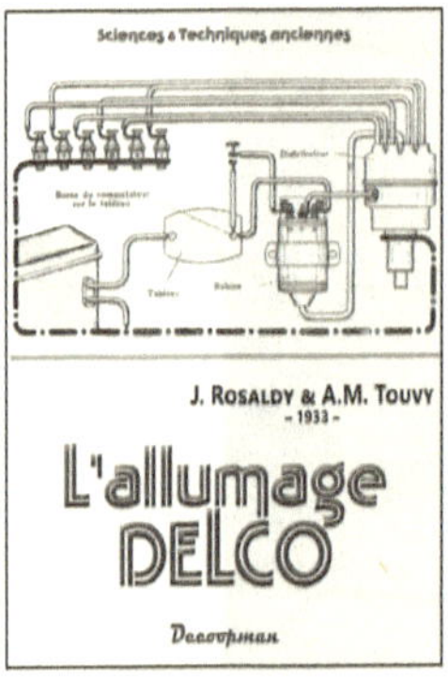

Éditions Decoopman - Ferrières - 30440 Saint-Laurent-le-Minier
Tel : +33 (0) 4.67.73.90.95 - web : www.decoopman.com - e.mail : livres@decoopman.com

www.ingramcontent.com/pod-product-compliance
Lightning Source LLC
LaVergne TN
LVHW090432061026
849522LV00002B/604